Lorenzo Bussoli

Proprietà termodinamiche dei modelli di campo medio

AF141410

Lorenzo Bussoli

Proprietà termodinamiche dei modelli di campo medio

Studio di alcuni modelli in meccanica statistica

Edizioni Accademiche Italiane

Impressum / Stampa
Bibliografische Information der Deutschen Nationalbibliothek: Die Deutsche Nationalbibliothek verzeichnet diese Publikation in der Deutschen Nationalbibliografie; detaillierte bibliografische Daten sind im Internet über http://dnb.d-nb.de abrufbar. Alle in diesem Buch genannten Marken und Produktnamen unterliegen warenzeichen-, marken- oder patentrechtlichem Schutz bzw. sind Warenzeichen oder eingetragene Warenzeichen der jeweiligen Inhaber. Die Wiedergabe von Marken, Produktnamen, Gebrauchsnamen, Handelsnamen, Warenbezeichnungen u.s.w. in diesem Werk berechtigt auch ohne besondere Kennzeichnung nicht zu der Annahme, dass solche Namen im Sinne der Warenzeichen- und Markenschutzgesetzgebung als frei zu betrachten wären und daher von jedermann benutzt werden dürften.

Informazione bibliografica pubblicata da Deutsche Nationalbibliothek (Biblioteca Nazionale Tedesca): la Deutsche Nationalbibliothek novera questa pubblicazione su Deutsche Nationalbibliografie. Dati bibliografici più dettagliati sono disponibili in internet al sito web http://dnb.d-nb.de. Tutti i nomi di marchi e di prodotti riportati in questo libro sono protetti dalla normativa sul diritto d'Autore e dalla normativa a tutela dei marchi. Questi appartengono esclusivamente ai legittimi proprietari. L'uso di nomi di marchi, di nomi di prodotti, di nomi famosi, di nomi commerciali, di descrizioni dei prodotti, ecc. anche se trovati senza un particolare contrassegno in queste pubblicazioni, sono considerati violazione del diritto d'autore e pertanto non possono essere utilizzati da chiunque.

Coverbild / Immagine di copertina: www.ingimage.com

Verlag / Editore:
Edizioni Accademiche Italiane
ist ein Imprint der / è un marchio di
OmniScriptum GmbH & Co. KG
Heinrich-Böcking-Str. 6-8, 66121 Saarbrücken, Deutschland / Germania
Email / Posta Elettronica: info@edizioni-ai.com

Herstellung: siehe letzte Seite /
Pubblicato: vedi ultima pagina
ISBN: 978-3-639-65766-1

Proprietà termodinamiche dei modelli di campo medio

Lorenzo Bussoli

Indice

Introduzione

La meccanica statistica nasce alla fine del 19° secolo con Boltz-mann e Gibbs con il loro tentativo di comprensione critica del secondo principio della termodinamica.

Per Boltzmann i processi naturali, espressi da leggi macroscopiche (quindi in termini di grandezze misurabili in laboratorio, quali temperatura, pressione, volume) possono essere spiegati in termini di proprietà statistiche della materia a livello microscopico.

È proprio questo il compito della meccanica statistica: dedurre leggi macroscopiche a partire da leggi microscopiche.

La prima applicazione di questa scienza è stata la fisica dello stato solido.

Noi la vediamo nella termodinamica dei gas perfetti.

La meccanica statistica dunque si propone di dedurre le proprietà dei sistemi macroscopici partendo dall'ipotesi atomica, che so-stiene che un campione visibile di materia sia costituito da un numero grandissimo di atomi o molecole il cui moto è dato dalle leggi della meccanica classica o quantistica: a seconda del punto di vista si ha rispettivamente la teoria della meccanica statistica classica o la teoria della meccanica statistica quantistica. Non ci si prefigge di studiare particella per particella assegnando a ciascuna di queste delle equazioni del moto che tengano conto di tutte le interazioni con tutte le altre particelle del sistema, sennò si avrebbero complicazioni enormi per uno studio inutilmente det-tagliato, dato che per descrivere un sistema macroscopico serve un numero relativamente piccolo di parametri, perlopiù quelli termodinamici.

La meccanica statistica classica, dato un campione di N parti-celle, associa a ciascuna di queste una posizione q ed un'impulso p (entrambi fatti di tre componenti) con una precisione espressa dall'errore massimo possibile dal prodotto:

$$\delta p \cdot \delta q \geq h$$

quindi ad ogni configurazione del sistema associa un punto nello spazio delle fasi $6N$-dimensionale: tale spazio è suddiviso in cellette ciascuna di volume h^{3N} ed il punto ha coordinate (p_i, q_i), $i = 1...N$, tali che

$$p_i^0 - \delta\frac{p}{2} \leq p_i \leq p_i^0 + \delta\frac{p}{2}$$

$$q_i^0 - \delta\frac{q}{2} \leq q_i \leq q_i^0 + \delta\frac{q}{2}$$

dove $\left(p_i^0, q_i^0\right)$ son le coordinate del centro della celletta. Far tendere $h \to 0$ significa pensare di poter misurare simultaneamente posizione e velocità di una particella in modo esatto (cosa impossibile per la meccanica quantistica, in base al principio d'indeterminazione di Heisenberg).

La dinamica fa uso di una trasformazione S che associa ad una celletta Δ un'altra celletta Δ' dello spazio delle fasi:

$$S\Delta = \Delta'$$

S agisce secondo le leggi della meccanica Newtoniana: ad ogni celletta Δ è associata l'energia cinetica

$$T(\Delta) = \sum_{i=1}^{N} \frac{p_i^2}{2m},$$

quella potenziale

$$V(\Delta) = \sum_{i<j; i,j=1}^{N} V(q_i^0) - V(q_j^0)$$

e quella totale

$$H(\Delta) = H(p, q) = T(p) + V(q).$$

Se la configurazione al tempo t è individuata dalla celletta Δ si suppone di passare alla celletta $S(\Delta)$ all'istante $t + \tau$, con τ molto piccola rispetto alle grandezze temporali con cui si misura il sistema macroscopico. La reversibilità del moto, ossia il fatto che $S(\Delta) = S(\Delta')$ implichi $\Delta = \Delta'$ (cioè due configurazioni diverse evolvono in due configurazioni diverse), sussiste per $h \to 0$, sennò non è assicurata.

Nella meccanica statistica quantistica in luogo dello spazio delle fasi si considera l'insieme delle osservabili, ognuna identificata con un operatore lineare autoaggiunto in uno spazio di Hilbert.

Gli insiemi statistici, nell'approssimazione classica dei sistemi di spin, sono definiti tramite l'operatore dell'energia $H(\sigma)$, funzione della configurazione σ, definita come segue. Consideriamo un campione di N particelle; ad ognuna di queste associamo una variabile aleatoria dicotomica σ che può assumere i valori ± 1 : è il momento angolare intrinseco della particella. Queste non sono indipendenti perchè le particelle interagiscono fra di loro. C'è una corrispondenza biunivoca tra tutte le possibili configurazioni di spin ed i vettori ad N componenti $= +1$ o -1.

Restando in accordo con le leggi della fisica precedente s'assume che la probabilità d'un sistema di assumere la configurazione σ (probabilità di Boltzmann-Gibbs) abbia lo stesso andamento di $e^{-\beta H_N(\sigma)}$, precisamente sia uguale a

$$\frac{e^{-\beta H_N(\sigma)}}{\displaystyle\sum_{\sigma} e^{-\beta H_N(\sigma)}},$$

dove $\beta = \frac{1}{kT}$ (noi supponiamo $k = 1$) è l'inverso della temperatura assoluta. La funzione di partizione del sistema è data da

$$Z_N(\beta) = \sum_{\sigma} e^{-\beta H_N(\sigma)},$$

e la pressione da

$$\log(Z_N(\beta))$$

Problema di fondamentale importanza è quello di provare l'esistenza del limite termodinamico

$$\lim_{N \to +\infty} \frac{P_N(\beta)}{N},$$

ossia provare che la pressione, per N grande, cresce proporzionalmente ad N stesso. Tale limite consiste nel lasciare occupare al sistema di particelle tutto lo spazio mantenendo fissi la temperatura e la magnetizzazione del campo esterno.

Ciò significa che il modello adottato, che dipende dall'hamiltoniana H, è buono a descrivere il sistema. Inoltre conoscendo l'andamento della pressione possiamo ricavare tante informazioni sul sistema.

Nelle prossime pagine vengono descritti alcuni modelli *spin glass* di campo medio e per essi si ragiona sull'esistenza o meno del limite termodinamico.

Il primo ad essere trattato è il modello di Curie-Weiss (anche se questo non é *spin glass*), che considera solo le interazioni tra coppie di particelle ed approssima il modello di Ising; per questo è già da vari anni nota la prova dell'esistenza del limite termodinamico ed anche il valore stesso di tale limite come soluzione di un'equazione del punto fisso, che bene può essere approssimata con la radice.

Poi viene trattato il modello di Sherrington-Kirkpatrick, per il quale solo nel 2002 è stato provato da Francesco Guerra che esiste il limite termodinamico, ed ancora non ne si conosce il valore.

Infine viene presentato un caso generale che comprende tanti modelli, anche quello S-K: vien data e dimostrata una condizione sufficiente per l'esistenza del limite termodinamico per i modelli ad energia random gaussiana correlati.

Capitolo 1

Il modello di Curie-Weiss

1.1 Il modello di Curie-Weiss

Il modello di Curie-Weiss parte dall'omonima equazione trovata alla fine del 19° secolo dai fisici Pierre Curie e Pierre Weiss: l'impostazione del modello con la sua hamiltoniana é stata fatta da Mark Kats nel 1945.

Per spiegarlo vediamo prima il modello di Ising. Il modello di Ising suppone che interagiscono direttamente solo le particelle che distano 1 fra loro.

In dimensione d l'Hamiltoniana é la seguente:

$$H_N(\sigma) = -J \sum_{|i-j|=1, i,j \in \mathbb{Z}^d}^{N} \sigma_i \sigma_j - h \sum_{i=1}^{N} \sigma_i \qquad (1.1)$$

con condizioni periodiche al bordo che in dimensione 1 si scrivono:

$$\sigma_{N+1} = \sigma_1 \qquad (1.2)$$

Data la difficoltà di questo modello ne è stato introdotto un altro che lo approssimi, appunto quello di Curie-Weiss, dove si considerano le interazioni tra tutte le coppie possibili:

$$H_N(\sigma) = -\frac{1}{N} \sum_{i,j=1}^{N} \sigma_i \sigma_j - h \sum_{i=1}^{N} \sigma_i \qquad (1.3)$$

9

Di questo e degli altri modelli è di fondamentale importanza il calcolo del limite termodinamico, ossia di

$$\lim_{N \to +\infty} \frac{P_N}{N}. \qquad (1.4)$$

Se questo esiste ed è finito è dimostrato che la pressione cresce proporzionalmente al volume (cioè ad N), e questo significa che il modello adottato è buono.

1.2 Prova dell'esistenza del limite termodinamico nel modello di Curie-Weiss

Si fa col metodo d'interpolazione di Francesco Guerra. Spezziamo il sistema di N particelle in due sottosistemi di N_1 ed N_2 particelle, con $N_1 + N_2 = N$. La termodinamica dice che esiste sempre una disuguaglianza tra l'energia del sistema iniziale e la somma delle energie dei due sottosistemi. Provando tale disuguaglianza s'assicura l'esistenza del limite termodinamico.
Tale disuguaglianza riguardo all'energia e quindi alla pressione equivale alla sub o super-addittività della pressione stessa.

Definizione 1.1. $f : \mathbb{N} \longrightarrow \mathbb{R}$ *si dice sub-addittiva se*

$$\forall \, m, n \in \mathbb{N} \quad f(m + n) \leq f(m) + f(n)$$

$f : \mathbb{N} \longrightarrow \mathbb{R}$ *si dice super-addittiva se*

$$\forall \, m, n \in \mathbb{N} \quad f(m + n) \geq f(m) + f(n)$$

Intanto per provare che $\frac{P_N(\beta)}{N}$ non oscilla diamo il seguente

Teorema 1.2.1.

$$i) f(n) sub - addittiva \implies \exists \lim_{n \to +\infty} \frac{f(n)}{n} = \inf \frac{f(n)}{n}$$

$$ii) f(n) super - addittiva \implies \exists \lim_{n \to +\infty} \frac{f(n)}{n} = \sup \frac{f(n)}{n}$$

Dimostrazione. Sia $\{x_n\}_n$ una successione;

$$sia \ \ \overline{x}_m = \sup_{n \geq m} x_n \Longrightarrow \overline{x}_{m+1} \leq \overline{x}_m;$$

$$sia \ \ \underline{x}_m = \inf_{n \geq m} \Longrightarrow \underline{x}_{m+1} \geq \underline{x}_m;$$

ora definiamo $\liminf$ e $\limsup$ d'una successione (che esistono sempre, al massimo sono infiniti, perchè son limiti di successioni monotone):

$$\underline{x} = \lim_{m \to +\infty} \underline{x}_m;$$

$$\overline{x} = \lim_{m \to +\infty} \overline{x}_m;$$

ovviamente $\underline{x} \leq \overline{x}$;
se dimostriamo che vale anche $\underline{x} \geq \overline{x} \Longrightarrow \underline{x} = \overline{x}$ ed il teorema è dimostrato;
siano $a, b \in N, b \geq a \Longrightarrow$
per il teorema di Euclide della divisione abbiamo che

$$\exists n, r, 0 \leq r \leq a : b = na + r$$

$\longrightarrow$ per la sub-addittività di f abbiamo

$$f(b) \leq f(na) + f(r) \leq n \cdot f(a) + f(r) \Longrightarrow \frac{f(b)}{b} \leq \frac{f(a)}{a + \frac{r}{n}} + \frac{f(r)}{b};$$

ora fissiamo a e mandiamo $b \to +\infty$ (quindi n cresce) ed otteniamo

$$\limsup \frac{f(b)}{b} \leq \frac{f(a)}{a} \quad \forall a \Longrightarrow$$

$$\Longrightarrow \limsup \frac{f(b)}{b} \leq \inf_a \frac{f(a)}{a} \leq \liminf \frac{f(a)}{a} \Longrightarrow$$

$$\Longrightarrow \exists \lim \frac{f(n)}{n} = \inf \frac{f(n)}{n};$$

la *ii*) si dimostra in maniera del tutto analoga. $\qquad\square$

(questo teorema ci servirá anche nei capitoli seguenti)
Ora, dando per fatto che la pressione è sub-addittiva (lo dimostriamo dopo), dopo aver provato che $\frac{P_N}{N}$ ammette limite, proviamo che tale limite è finito, e per questo usiamo il seguente

Teorema 1.2.2. $\underline{C}(\beta) \cdot N \leq P_N \leq \overline{C}(\beta) \cdot N$

11

Dimostrazione. abbiamo

$$H_N(\sigma, h) = -\frac{1}{N}\sum_{i,j=1}^{N}\sigma_i\sigma_j - h\sum_{i=1}^{N}\sigma_i;$$

introduciamo la magnetizzazione della configurazione di spin data, una cosa che quantifica qual'è il valore medio della scelta di spin:

$$m(\sigma) = \frac{1}{N}\sum_{i=1}^{N}\sigma_i;$$

notiamo che

$$-1 \leq m(\sigma) \leq 1;$$

possiamo scrivere l'energia in funzione della magnetizzazione:

$$H_N(\sigma, h) = -Nm^2 - Nhm;$$

abbiamo

$$-\beta H_N = \beta Nm^2 + \beta Nhm \leq \beta N + \beta Nh = \beta N(1+h);$$

usiamola per provare la limitazione superiore:

$$\sum_{\sigma}e^{-\beta H_N} \leq \sum_{\sigma}e^{\beta N(1+h)} \leq e^{\beta N(1+h)}2^N;$$

ora proviamo la limitazione inferiore:

$$e^{\beta N(1+h)} \leq \sum_{\sigma}e^{-\beta H_N};$$

uniamole e facciamo il logaritmo:

$$\beta N(1+h) \leq \log Z \leq \beta N(1+h) + N log2;$$

con

$$\underline{C}(\beta) = \beta(1+h)$$

e

$$\overline{C}(\beta) = \beta(1+h) + \log 2$$

il teorema è provato. $\square$

12

Ora andiamo a vedere il metodo d'interpolazione di Guerra. Introduciamo

Definizione 1.2. *Si dice Hamiltoniana interpolante la combinazione convessa dell'hamiltoniana nel sistema intero e della somma di quelle nei due sistemi spezzati:*

$$H(t) = t \cdot H_N + (1-t)(H_{N_1} + H_{N_2}), \ t \in [0 \ 1]$$

Notiamo che
$$H(0) = H_{N_1} + H_{N_2}$$

e che
$$H(1) = H_N$$

Definizione 1.3. *Definiamo pressione interpolante*

$$P(t) = \log \sum_\sigma e^{-\beta H(t)}$$

Notiamo, visto che

$$H_{N_1}(\sigma) = -\frac{1}{N_1} \sum_{i \in I_1} \sigma_i \sigma_j - h \sum_{i \in I_1} \sigma_i$$

e che

$$H_{N_2}(\sigma) = -\frac{1}{N_2} \sum_{i \in I_2} \sigma_i \sigma_j - h \sum_{i \in I_2} \sigma_i$$

(dove $I_1 = \{1, 2, .., N_1\}$ e $I_2 = \{N_1 + 1, N_1 + 2, ..., N\}$), che risulta

$$P(0) = \log \sum_\sigma e^{-\beta(H_{N_1} + H_{N_2})} =$$

$$= \log \sum_{I_1} e^{-\beta H_{N_1}} \sum_{I_2} e^{-\beta H_{N_2}} = \log(Z_{N_1} \cdot Z_{N_2})$$

$$= \log Z_{N_1} + \log Z_{N_2} = P_{N_1} + P_{N_2}$$

e
$$P(1) = P_N$$

se dimostriamo che $P'(t) \leq 0$ abbiam provato la sub-addittività di P_N:

Teorema 1.2.3. $P'(t) \leq 0$

Dimostrazione. Consideriamo la magnetizzazione del sistema iniziale m e le magnetizzazioni dei due sottosistemi

$$m_1 = \frac{1}{N_1} \sum_{i \in I_1} \sigma_i \ \ e \ \ m_2 = \frac{1}{N_2} \sum_{i \in I_2} \sigma_i$$

e vediamo che

$$Nm = \sum_{i \in I_1} \sigma_i + \sum_{i \in I_2} \sigma_i = N_1 \cdot m_1 + N_2 \cdot m_2$$

$$\implies m = \frac{N_1}{N} m_1 + \frac{N_2}{N} m_2$$

questo ci servirà nei seguenti passaggi, dove scriviamo $H(t)$ in funzione della magnetizzazione:

$$H(t) = -Ntm^2 - Nhtm - (1-t)(N_1 m_1^2 + N_1 hm_1 + N_2 m_2^2 + N_2 hm_2) =$$

$$= -Ntm^2 - Nhtm - (1-t)(N_1 m_1^2 + N_2 m_2^2) - (1-t)(N_1 hm_1 + N_2 hm_2) =$$

$$= -Ntm^2 - (1-t)(N_1 m_1^2 + N_2 m_2^2) - hNm$$

dunque

$$P(t) = \log Z(t) = \log \sum_\sigma e^{\beta[t(Nm^2 - N_1 m_1^2 - N_2 m_2^2) + N_1 m_1^2 + N_2 m_2^2 + hNm]}$$

$$\implies \frac{dP}{dt} = \frac{Z'(t)}{Z(t)} = \frac{\sum_\sigma \beta(Nm^2 - N_1 m_1^2 - N_2 m_2^2) e^{-\beta H_N(t)}}{\sum_\sigma e^{-\beta H_N(t)}} =$$

ma questo è un valore medio

$$= \beta \omega_t (Nm^2 - N_1 m_1^2 - N_2 m_2^2) \le 0$$

perchè la funzione quadrato è convessa (la sua derivata seconda non è mai negativa):

$$\left(\frac{N_1}{N} m_1 + \frac{N_2}{N} m_2 \right)^2 \le \frac{N_1}{N} m_1^2 + \frac{N_2}{N} m_2^2$$

$$\implies m^2 - \frac{N_1}{N} m_1^2 - \frac{N_2}{N} m_2^2 \le 0$$

$\square$

1.3 Calcolo del limite termodinamico nel modello di Curie-Weiss

Ora, dopo aver provato che il limite termodinamico esiste, cerchiamo di calcolarlo:

$$\forall M \quad (m - M)^2 \geq 0 \implies m^2 \geq 2mM - M^2$$

$$\frac{\log Z}{N} = \frac{\log \sum_{\sigma} e^{\beta N m^2 + N \beta h m}}{N} \geq \frac{\log \sum_{\sigma} e^{2\beta N m M - \beta N M^2 + \beta N h m}}{N} =$$

$$= -\beta M^2 + \frac{\log \sum_{\sigma_1} \sum_{\sigma_2} \cdots \sum_{\sigma_N} e^{N(2\beta M + \beta h)\frac{1}{N}\sum_{i=1}^{N}\sigma_i}}{N} =$$

poichè

$$\sum_{\sigma_N = \pm 1} e^{(2\beta M + \beta h)\sigma_N} = e^{2\beta M + \beta h} + e^{-2\beta M - 2\beta h} = 2\cosh(2\beta M + \beta h)$$

abbiamo

$$= -\beta M^2 + \frac{\log 2^N [\cosh(2\beta M + \beta h)]^N}{N} =$$

$$= -\beta M^2 + \log 2 + \log \cosh(2\beta M + \beta h)$$

chiamato quest'ultimo membro $\rho(M)$, possiamo concludere

$$\frac{\log Z}{N} \geq \rho(M) \quad \forall M \implies \frac{\log Z}{N} \geq \sup_M \rho(M)$$

Adesso invece cerchiamo una limitazione superiore per $\frac{\log Z}{N}$ procedendo come segue.
Ricordando come abbiamo definito sopra la magnetizzazione, consideriamo il suo *range* di valori al variare di N:

$$m = \frac{1}{N}\sum_i \sigma_i$$

$$N = 1 \quad m \in \{-1, +1\}$$

$$N = 2 \quad m \in \{-1, 0, +1\}$$

15

$$N = 3 \quad m \in \left\{-1, -\frac{1}{3}, +\frac{1}{3}, +1\right\}$$

in generale $m \in \left\{-1, -1+\frac{2}{N}, -1+\frac{4}{N}, ..., 1-\frac{2}{N}, 1\right\} = R_m$, con R_m di cardinalità $N + 1$

Allora, per M che varia in R_m, possiamo scrivere questa partizione discreta dell'unità (contenente solo 1 e 0, ed 1 ovviamente è assunto una volta sola):

$$1 = \sum_{M \in R_m} \delta_{M,m}$$

Dunque possiamo scrivere

$$Z_N(\beta, h) = \sum_\sigma 1 \cdot e^{\beta N m^2 + \beta h N m} = \sum_\sigma \sum_{M \in R_m} \delta_{M,m} e^{\beta N m^2 + \beta h N m} =$$

$$= \sum_{M \in R_m} \sum_\sigma \delta_{M,m} e^{\beta N m^2 + \beta h N m} =$$

ora, per $m = M$, facciamo una sostituzione usando quest'uguaglianza:

$$m = M \;\Rightarrow\; (m - M)^2 = 0 \;\Rightarrow\; m^2 = 2mM - M^2$$

e, tenendo conto che tanto se $m \neq M$ s'annulla tutto (per la presenza del simbolo di Kroenecker), viene

$$= \sum_{M \in R_m} \sum_\sigma \delta_{M,m} e^{2\beta N m M - \beta N M^2 + \beta h N m} \leq$$

e, maggiorando il simbolo di Kroenecker (che vale 0 o 1) con 1,

$$\leq \sum_{M \in R_m} \sum_\sigma e^{2\beta N m M - \beta N M^2 + \beta h N m} = \sum_{M \in R_m} e^{N \rho(M)} \leq$$

$$\leq \sum_{M \in R_m} \sup_M e^{N \rho(M)} = e^{N \cdot \sup_M \rho(M)} \sum_{M \in R_m} 1 = e^{N \cdot \sup_M \rho(M)} (N+1)$$

Abbiamo ottenuto che

$$Z \leq (N+1) e^{N \cdot \sup_M \rho(M)}$$

quindi

$$\log Z \le \log(N+1) + N \cdot \sup_M \rho(M) \implies$$

$$\implies \frac{1}{N}\log Z \le \frac{1}{N}\log(N+1) + \sup_M \rho(M)$$

unendoci la disuguaglianza appena trovata viene

$$\sup_M \rho(M) \le \frac{1}{N}\log Z \le \frac{1}{N}\log(N+1) + \sup_M \rho(M)$$

$$\lim_{N\to+\infty} \frac{\log Z_N}{N} = \rho(\beta,h) = \sup_M \rho(M)$$

$$\rho(M,\beta,h) = -\beta M^2 + \log 2 + \log \cosh(2\beta M + \beta h)$$

$$\frac{d\rho}{dM} = -2\beta M + 2\beta \tanh(2\beta M + \beta h)$$

essendo ρ crescente rispetto ad M se poniamo $\frac{d\rho}{dM} = 0$ si trova l'M in cui ρ ha valore massimo:

$$M = \tanh \beta(2M + h) \qquad (1.5)$$

Per semplificare i calcoli (senza perdere niente in generalità) togliamo le costanti 2 ed h e guardiamo all'equazione

$$M = \tanh \beta M$$

È un'equazione del punto fisso.Per questa abbiamo il seguente

Teorema 1.3.1. *Teorema del punto fisso*
Se la mappa $T : I \longrightarrow I$ è una contrazione, ossia se

$$\exists \alpha \in [0;1[\ : \ \forall x,y \in I \, |T(x) - T(y)| \le \alpha \, |x - y| \, ,$$

allora l'equazione al $x = T(x)$ ha una ed una sola soluzione, data da

$$\overline{x} = \lim_{n\to+\infty} T^n(x_0)$$

dove $x_0 \in I$ è un punto qualunque di I scelto come punto di partenza.

Nel nostro caso se $\beta < 1$, dato che $\cosh < 1$ sempre, abbiamo

$$\frac{d}{dM}\tanh \beta M = \frac{\beta}{\cosh^2(\beta M)} < 1$$

e l'equazione ha come sola soluzione $M = 0$, come mostra il grafico; la bisettrice del primo e del terzo quadrante interseca la funzione $\tanh \beta M$ solo nell'origine:

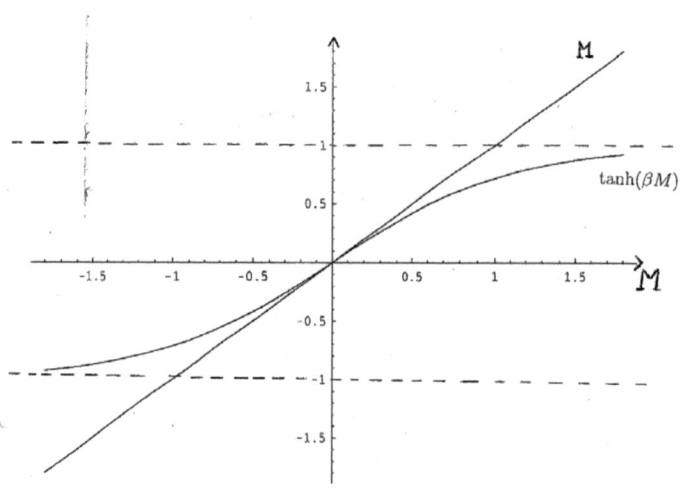

Per $\beta < 1$ il sistema dinamico $\tanh$ è ergodico, perchè ergodica è la sua mappa T: questo perchè $\forall x_0 \in I$ (anche $x_0 = 10^{20}$) il processo grafico

$$\lim_{n \to +\infty} T^n(x)$$

porta all'origine, unico punto attrattore:

18

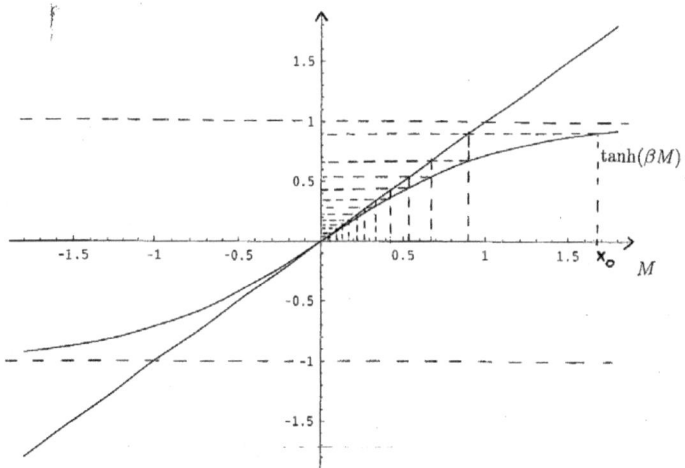

Se invece $\beta > 1$ $\frac{d}{dM} \tanh \beta M$ non è sempre < 1 e non si può applicare il teorema precedente.

La mappa non è più ergodica: non tutti i punti iniziali van a convergere in un punto.

A causa del fatto che nell'origine $\tanh \beta M$ ha derivata > 1 le due curve s'intersecano in tre punti, l'origine ed altri due punti simmetrici rispetto ad essa.

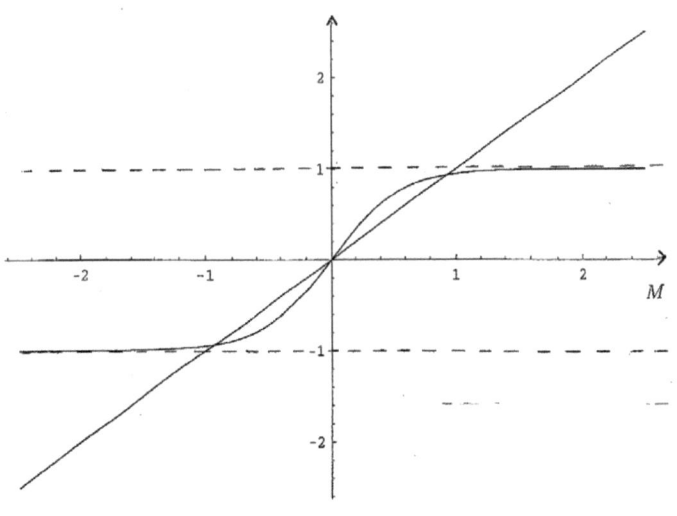

Ci sono però due domini d'attrazione:
se $x_0 > 0$ la successione di punti converge ad $(\overline{x}, \overline{x})$ (e, se partiamo da $x_0 > \overline{x}$, la convergenza è molto veloce);
se $x_0 < 0$ la successione di punti converge a $(-\overline{x}, -\overline{x})$ (e, se partiamo da $x_0 < -\overline{x}$, la convergenza è altrettanto veloce);

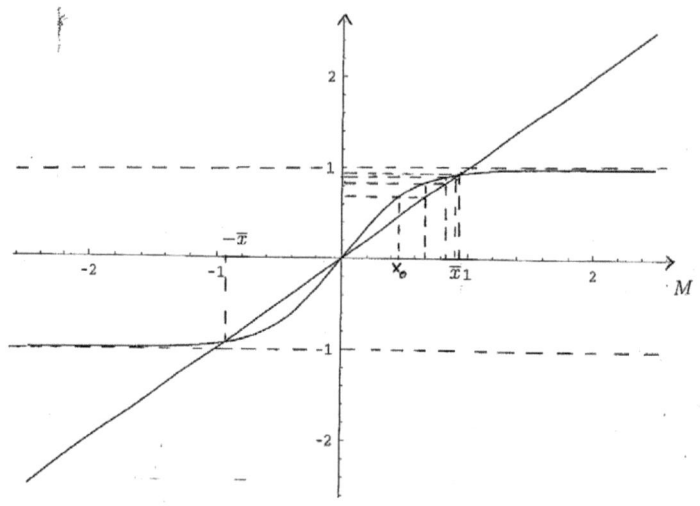

La magnetizzazione ha rispetto a β questo andamento:

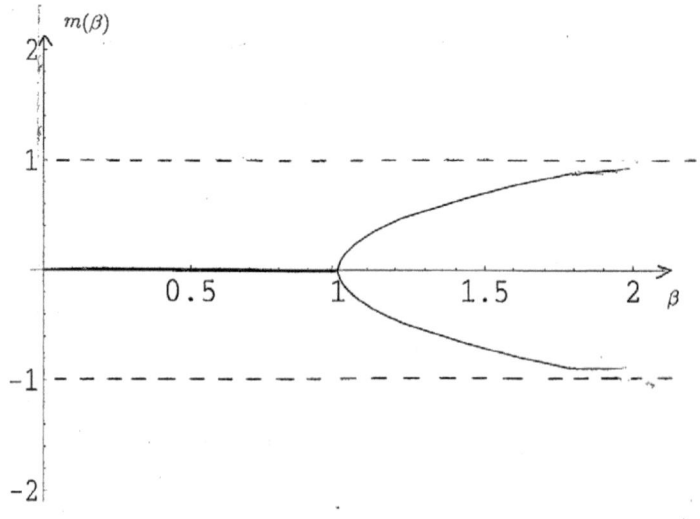

è un esempio di transizione di fase;

per $\beta > 1$ lo spazio è suddiviso in due componenti ergodiche; per β molto grande i due punti d'intersezione $\approx (1,1)$ e $(-1,-1)$

Ora cerchiamo di dare una buona stima della soluzione dell'equazione di Curie-Weiss.

Intanto scriviamo che, date due funzioni $f(x)$ e $g(x)$, $f(x) \approx g(x)$ se e solo se

$$\lim_{x \to 0} \frac{f(x)}{g(x)} = 1.$$

Successivamente diamo i primi termini dello sviluppo in serie di Taylor della tangente iperbolica intorno ad $x = 0$:

$$T(x) = \tanh x$$

$$T'(x) = 1 - T^2(x)$$

$$T''(x) = -2T(x) \cdot T'(x) = -2T(x)(1 - T^2(x)) = 2T^3(x) - 2T(x)$$

$$T'''(x) = (6T^2(x) - 2)(T'(x)) = (6T^2(x) - 2)(1 - T^2(x))$$
$$= -6T^4(x) + 8T^2(x) - 2$$

$$T^{IV}(x) = (-24T^3(x) + 16T(x))(1 - T^2(x)) =$$
$$= 24T^5(x) - 40T^3(x) + 16T(x)$$

$$T(0) = 0$$

$$T'(0) = 1$$

$$T''(0) = 0$$

$$T'''(0) = -2$$

$$T^{IV}(0) = 0$$

(le derivate d'ordine pari in $x = 0$ son nulle perchè $\tanh x$ è una funzione dispari)

Quindi, data $m = \tanh(\beta m)$, possiamo scrivere

$$m = \beta m - 2\frac{(\beta m)^3}{3!} + o(\beta m)^5$$

ossia

$$m = \beta m - \frac{(\beta m)^3}{3} + o(\beta m)^5.$$

Teorema 1.3.2. *Per $\beta > 1$ $m \approx \sqrt{3(1 - T)}$*

Dimostrazione. Innanzitutto diamo questo Lemma:
Detta $m(\beta)$ la soluzione dell'equazione di Curie-Weiss $m = \tanh(\beta m)$ si ha

$$\lim_{\beta \to 1} m\,(\beta) = 0$$

dimostrazione:
che

$$\lim_{\beta \to 1^-} m(\beta) = 0$$

è banale perchè basta guardare uno dei grafici precedenti:
per $0 < \beta < 1$ $m\,(\beta)$ è certamente $= 0$

$$\Rightarrow \lim_{\beta \to 1^-} m(\beta) = \lim_{\beta \to 1^-} 0 = 0.$$

Rimane da provare il limite destro:
$m(\beta)$ è monotona non decrescente rispetto a β per β molto vicino ad 1, $\beta > 1$ (visto che la pendenza nell'origine è proprio $= \beta$, dunque, al crescere di β, la curva s'intersecherà più a destra con la bisettrice), dunque

$$\lim_{\beta \to 1^+} m(\beta) = \inf_{\beta > 1} m(\beta) \geq 0$$

facciamo vedere che tale inf è proprio 0, ossia che

$$\forall \epsilon : \ 0 < \epsilon < 1 \ \exists \, \beta > 1 : \ m(\beta) = \epsilon.$$

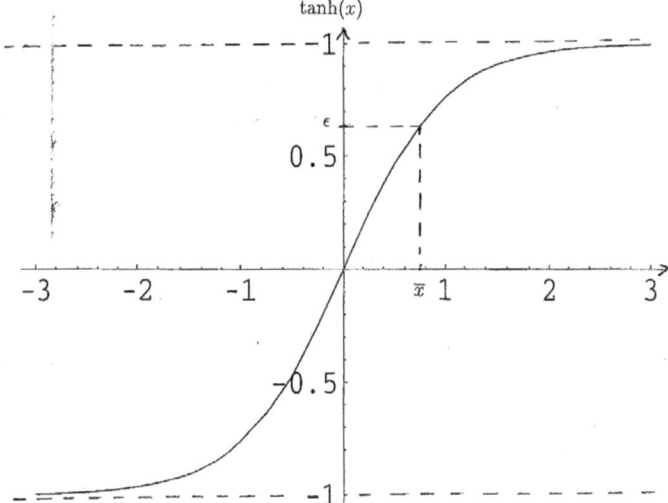

per il teorema dei valori intermedi dato $\epsilon \in]0; 1[$ $\exists \overline{x} : \tanh \overline{x} = \epsilon$

$$\Rightarrow \tanh\left[\left(\frac{\overline{x}}{\epsilon}\right) \cdot \epsilon\right] = \epsilon;$$

$\frac{\overline{x}}{\epsilon}$ è proprio il β che cercavo, quello che mi rende ϵ soluzione dell'equazione del punto fisso.
Torniamo alla dimostrazione del teorema.

$$m = \beta m - \frac{(\beta m)^3}{3} + o(\beta m)^5$$

per $\beta > 1$ ho $m \neq 0$, quindi posso dividere per m stesso

$$1 = \beta - \frac{\beta^3 m^2}{3} + o(m^4)$$

$$1 - \beta = -\frac{\beta^3 m^2}{3} + o(m^4)$$

$$\beta - 1 = m^2 \left(\frac{\beta^3}{3} - o(m^2)\right)$$

$$\Rightarrow \lim_{\beta \to 1} \frac{m^2}{\beta - 1} = \lim_{\beta \to 1} \frac{m^2}{m^2 \left(\frac{\beta^3}{3} - o(m^2)\right)} = 3$$

23

$$\Rightarrow \lim_{\beta \to 1} \frac{m^2}{3(\beta - 1)} = 1 \qquad \Rightarrow \lim_{\beta \to 1} \frac{m}{\sqrt{3(\beta - 1)}} = 1$$

$$\Rightarrow m(\beta) \approx \sqrt{3(\beta - 1)}$$

di conseguenza

$$\lim_{\beta \to 1} \frac{|m(\beta) - \sqrt{3(\beta - 1)}|}{m(\beta)} = 0$$

$$\Rightarrow \forall \epsilon > 0 \ \exists \delta > 0 : |\beta - 1| < \delta \Rightarrow |m - \sqrt{3(\beta - 1)}| < \epsilon$$

ossia scegliendo β abbastanza vicino ad 1 (punto critico), $\sqrt{3(\beta - 1)}$ approssima $m(\beta)$ con la precisione che vogliamo

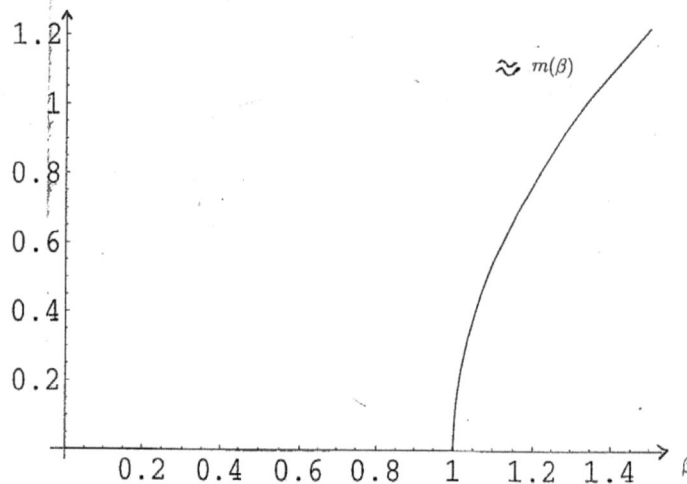

se vogliamo mettere $m = m(T)$ in funzione della temperatura (anziché della temperatura inversa):

$$\lim_{\beta \to 1^+} \frac{m}{\sqrt{3(\beta - 1)}} = 1 \quad \Leftrightarrow \quad \lim_{T \to 1^-} \frac{m}{\sqrt{3\left(\frac{1}{T} - 1\right)}} = 1$$

$$\Rightarrow \lim_{T \to 1^-} \frac{m}{\sqrt{\frac{1}{T}}\sqrt{3(1 - T)}} = \lim_{T \to 1^-} \frac{1}{\sqrt{\frac{1}{T}}} \frac{m}{\sqrt{3(1 - T)}} =$$

$$= 1 \cdot \lim_{T \to 1^-} \frac{m}{\sqrt{3(1 - T)}} = 1$$

$$m \approx \sqrt{3(1 - T)}$$

24

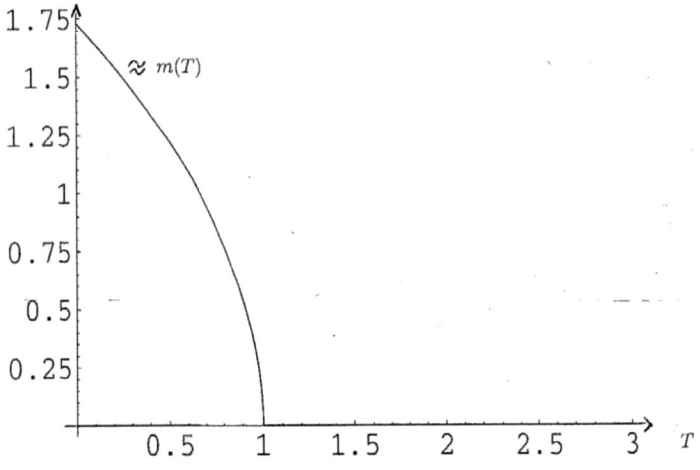

Capitolo 2

Il modello di Sherrington - Kirkpatrick

2.1 Il modello di Sherrington-Kirkpatrick

E' il modello più importante dell'ultimo quarto di secolo, dato da David Sherrington e Scott Kirkpatrick; esso fa parte di una nuova branca della meccanica statistica, la teoria dello spin glass : il nome dal fatto che interazioni a segno alterno causano un rilassamento all'equilibrio molto lento, come il vetro, che per cristallizzarsi impiega molto tempo. Qui l'hamiltoniana ha formula

$$H_N(\sigma, J) = -\frac{1}{\sqrt{N}} \sum J_{ij}\sigma_i\sigma_j - h \sum_{i=1}^{N} \sigma_i, \qquad (2.1)$$

dove le J_{ij} son N^2 variabili aleatorie (infatti nella teoria dello spin glass l'interazione fra particelle é random) Gaussiane indipendenti ed identicamente distribuite. Per semplicità supponiamo ogni J_{ij} unitaria con media $E(J_{ij}) = 0$ e varianza $E(J_{ij}^2) = 1$.
Il primo termine è l'interazione random a lungo range tra coppie di particelle, mentre il secondo rappresenta l'interazione di ciascuno spin con un campo magnetico esterno fissato h.
Per una data temperatura inversa β introduciamo la funzione di partizione dipendente dal rumore (o disordine) J $Z_N(\beta, h, J)$, la media *quenched* d'energia libera per sito $f_N(\beta, h, J)$, la media di

Boltzmann ω_J e la funzione ausiliaria $\alpha_N(\beta, h)$:

$$Z_N(\beta, h, J) = \sum_{\sigma} e^{-\beta H_N(\sigma, h, J)} \qquad (2.2)$$

$$-\beta f_N(\beta, h) = N^{-1} E(\log Z_N(\beta, h, J)) = \alpha_N(\beta, h) \qquad (2.3)$$

$$\omega_J(A) = \frac{\sum_{\sigma} A \cdot e^{-\beta H_N(\sigma, h, J)}}{Z_N(\beta, h, J)} \qquad (2.4)$$

dove A è una generica funzione delle σ.

Ora introduciamo il concetto importante di repliche. Consideriamo un generico numero s di copie indipendenti del sistema, caratterizzate dalle variabili di Boltzmann $\sigma^{(1)}, \sigma^{(2)}, ...$; possiamo definire come misura prodotto
$\Omega_J = \omega_J^{(1)} \omega_J^{(2)} ... \omega_J^{(s)}$ dove tutte le ω_J^{α} agiscono su ciascuna σ_J^{α}, e sono soggette allo stesso J del rumore esterno.

Ora vediamo una cosa che quantifica quanto differiscono 2 configurazioni:

Definizione 2.1. *Si dice overlap (sovrapposizione) tra due repliche a e b*
il numero

$$q_{ab}(\sigma^{(a)}, \sigma^{(b)}) = \frac{1}{N} \sum_{i=1}^{N} \sigma^{(a)} \sigma^{(b)}$$

Notiamo che

$$-1 \leq q_{ab} \leq 1.$$

Questo numero vale -1 se le due configurazioni sono opposte, vale 1 se le due configurazioni coincidono.

2.2 Prova dell'esistenza del limite termodinamico nel modello di Sherrington - Kirkpatrick

Come per Curie-Weiss supponiamo di spezzare il blocco di N siti (cioè N particelle) in due blocchi di N_1 ed N_2 siti, con $N_1 + N_2 =$

N, e definiamo la funzione di partizione interpolante $Z_N(t) =$

$$= \sum_\sigma e^{\beta\sqrt{\frac{t}{N}}\sum_{i,j=1}^N J_{ij}\sigma_i\sigma_j + \beta\sqrt{\frac{1-t}{N_1}}\sum_{i,j=1}^{N_1} J'_{ij}\sigma_i\sigma_j + \beta\sqrt{\frac{1-t}{N_2}}\sum_{i,j=N_1} NJ''_{ij}\sigma_i\sigma_j} e^{\beta h\sum_{i=1}^N \sigma_i},$$

con $t \in [0\ 1]$, dove

$$H_{N_1}(\sigma, J') = -\frac{1}{\sqrt{N_1}}\sum J'_{ij}\sigma_i\sigma_j - h\sum_{i=1}^{N_1}\sigma_i$$

e

$$H_{N_2}(\sigma, J'') = -\frac{1}{\sqrt{N_2}}\sum J''_{ij}\sigma_i\sigma_j - h\sum_{i=N_1+1}^{N}\sigma_i$$

son le hamiltoniane dei due sottosistemi, che risentono rispettivamente dei rumori J' e J'', indipendenti da J.

$$Z_N(1) = Z_N(\beta, h, J) \tag{2.5}$$

$$Z_N(0) = Z_{N_1}(\beta, h, J') \cdot Z_{N_2}(\beta, h, J'') \tag{2.6}$$

$$\frac{d}{dt}\frac{1}{N}E(\log Z_N(t)) = \frac{1}{N}E\frac{d}{dt}\log Z_N(t) = \frac{1}{N}E\left(\frac{Z'_N(t)}{Z_N(t)}\right) =$$

$$= \frac{1}{N}E\left(\frac{\beta}{2\sqrt{t}\sqrt{N}}\cdot\sum_{i,j=1}^N J_{ij}\sigma_i\sigma_j \cdot \frac{\sum_\sigma e^{-\beta H_N(t)}}{Z_N(t)} + \right.$$

$$+\frac{\beta}{2\sqrt{1-t}\sqrt{N_1}}\sum_{i,j=1}^{N_1} J'_{ij}\sigma_i\sigma_j \cdot \frac{\sum_\sigma e^{-\beta H_N(t)}}{Z_N(t)} +$$

$$\left. +\frac{\beta}{2\sqrt{1-t}\sqrt{N_2}}\sum_{i,j=N_1}^{N} J''_{ij}\sigma_i\sigma_j \cdot \frac{\sum_\sigma e^{-\beta H_N(t)}}{Z_N(t)}\right) =$$

$$= \frac{\beta}{2\sqrt{t}\sqrt{N}N}E\left(\sum_{i,j=1}^N J_{ij}\sigma_i\sigma_j \cdot \frac{\sum_\sigma e^{-\beta H_N(t)}}{Z_N(t)}\right) +$$

$$+\frac{\beta}{2\sqrt{1-t}\sqrt{N_1 N}}E\left(\sum_{i,j=1}^{N_1} J'_{ij}\sigma_i\sigma_j \cdot \frac{\sum_\sigma e^{-\beta H_N(t)}}{Z_N(t)}\right)+$$

$$+\frac{\beta}{2\sqrt{1-t}\sqrt{N_2 N}}E\left(\sum_{i,j=N_1}^{N} J''_{ij}\sigma_i\sigma_j \cdot \frac{\sum_\sigma e^{-\beta H_N(t)}}{Z_N(t)}\right)=$$

dato che E è un opeatore lineare possiamo scambiarlo con la sommatoria in i,j

$$=\frac{\beta}{2\sqrt{t}\sqrt{N N}}\sum_{i,j=1}^{N} E\left(J_{ij}\sigma_i\sigma_j \cdot \frac{\sum_\sigma e^{-\beta H_N(t)}}{Z_N(t)}\right)+$$

$$+\frac{\beta}{2\sqrt{1-t}\sqrt{N_1 N}}\sum_{i,j=1}^{N_1} E\left(J'_{ij}\sigma_i\sigma_j \cdot \frac{\sum_\sigma e^{-\beta H_N(t)}}{Z_N(t)}\right)+$$

$$+\frac{\beta}{2\sqrt{1-t}\sqrt{N_2 N}}\sum_{i,j=N_1}^{N} E\left(J''_{ij}\sigma_i\sigma_j \cdot \frac{\sum_\sigma e^{-\beta H_N(t)}}{Z_N(t)}\right)=$$

con un'integrazione per parti sul rumore gaussiano

$$E(J \cdot f(J)) = E(f'(J))$$

risulta

$$=\frac{\beta}{2\sqrt{t}\sqrt{N N}}\sum_{i,j=1}^{N} E\left(\frac{d}{dJ_{ij}}\frac{\sum_\sigma \sigma_i\sigma_j e^{-\beta H_N(t)}}{Z_N(t)}\right)+$$

$$+\frac{\beta}{2\sqrt{1-t}\sqrt{N_1 N}}\sum_{i,j=1}^{N_1} E\left(\frac{d}{dJ'_{ij}}\frac{\sum_\sigma \sigma_i\sigma_j e^{-\beta H_N(t)}}{Z_N(t)}\right)+$$

$$+\frac{\beta}{2\sqrt{1-t}\sqrt{N_2}N}\sum_{i,j=N_1+1}^{N}E\left(\frac{d}{dJ_{ij}''}\frac{\sum_{\sigma}\sigma_i\sigma_j e^{-\beta H_N(t)}}{Z_N(t)}\right).$$

Dato che, indicata con ω_t la media di Boltzmann rispetto all'hamiltoniana interpolante, abbiamo

$$\frac{d}{dJ_{ij}}\frac{\sum_{\sigma}\sigma_i\sigma_j e^{-\beta H_N(t)}}{Z_N(t)}=\frac{d}{dJ_{ij}}\omega_t(\sigma_i\sigma_j)=$$

$$=\frac{\sum_{\sigma}\sigma_i\sigma_j\left(\beta\sqrt{\frac{t}{N}}\cdot\sum_{i,j=1}^{N}\sigma_i\sigma_j\right)e^{-\beta H_N(t)}\cdot\sum_{\sigma}e^{-\beta H_N(t)}}{Z_N^2(t)}-$$

$$-\frac{\sum_{\sigma}\sigma_i\sigma_j e^{-\beta H_N(t)}\cdot\sum_{\sigma}\left(\beta\sqrt{\frac{t}{N}}\sum_{i,j=1}^{N}\sigma_i\sigma_j\right)e^{-\beta H_N(t)}}{Z_N^2(t)}=$$

$$=\frac{\beta\sqrt{\frac{t}{N}}\sum_{i,j=1}^{N}\sum_{\sigma}\sigma_i^2\sigma_j^2 e^{-\beta H_N(t)}\cdot\sum_{\sigma}e^{-\beta H_N(t)}}{Z_N^2(t)}-$$

$$-\frac{\beta\sqrt{\frac{t}{N}}\sum_{i,j=1}^{N}\left(\sum_{\sigma}\sigma_i\sigma_j e^{-\beta H_N(t)}\right)\left(\sum_{\sigma}\sigma_i\sigma_j e^{-\beta H_N(t)}\right)}{Z_N^2(t)}=$$

$$=\beta\sqrt{\frac{t}{N}}\sum_{i,j=1}^{N}(1-\omega_t^2(\sigma_i\sigma_j))$$

in maniera del tutto analoga abbiamo

$$\frac{d}{dJ_{ij}}\omega_t(\sigma_i\sigma_j)=$$

$$= \frac{\sum_\sigma \sigma_i \sigma_j \left(\beta \sqrt{\frac{1-t}{N_1}} \cdot \sum_{i,j=1}^{N_1} \sigma_i \sigma_j \right) e^{-\beta H_N(t)} \cdot \sum_\sigma e^{-\beta H_N(t)}}{Z_N^2(t)} -$$

$$- \frac{\sum_\sigma \sigma_i \sigma_j e^{-\beta H_N(t)} \cdot \sum_\sigma \left(\beta \sqrt{\frac{1-t}{N_1}} \sum_{i,j=1}^{N_1} \sigma_i \sigma j \right) e^{-\beta H_N(t)}}{Z_N^2(t)} =$$

$$= \frac{\beta \sqrt{\frac{1-t}{N_1}} \sum_{i,j=1}^{N_1} \sum_\sigma \sigma_i^2 \sigma_j^2 e^{-\beta H_N(t)} \cdot \sum_\sigma e^{-\beta H_N(t)}}{Z_N^2(t)} -$$

$$- \frac{\beta \sqrt{\frac{1-t}{N_1}} \sum_{i,j=1}^{N_1} \left(\sum_\sigma \sigma_i \sigma_j e^{-\beta H_N(t)} \right) \left(\sum_\sigma \sigma_i \sigma_j e^{-\beta H_N(t)} \right)}{Z_N^2(t)} =$$

$$= \beta \sqrt{\frac{1-t}{N_1}} \sum_{i,j=1}^{N_1} \left(1 - \omega_t^2(\sigma_i \sigma_j) \right)$$

ed infine

$$\frac{d}{dJ_{ij}} \omega_t(\sigma_i \sigma_j) =$$

$$= \frac{\sum_\sigma \sigma_i \sigma_j \left(\beta \sqrt{\frac{1-t}{N_2}} \cdot \sum_{i,j=N_1+1}^{N} \sigma_i \sigma_j \right) e^{-\beta H_N(t)} \cdot \sum_\sigma e^{-\beta H_N(t)}}{Z_N^2(t)} -$$

$$- \frac{\sum_\sigma \sigma_i \sigma_j e^{-\beta H_N(t)} \cdot \sum_\sigma \left(\beta \sqrt{\frac{1-t}{N_2}} \sum_{i,j=N_1+1}^{N} \sigma_i \sigma_j \right) e^{-\beta H_N(t)}}{Z_N^2(t)} =$$

$$= \frac{\beta \sqrt{\dfrac{1-t}{N_2}} \sum\limits_{i,j=N_1+1}^{N} \sum\limits_{\sigma} \sigma_i^2 \sigma_j^2 e^{-\beta H_N(t)} \cdot \sum\limits_{\sigma} e^{-\beta H_N(t)}}{Z_N^2(t)} -$$

$$- \frac{\beta \sqrt{\dfrac{1-t}{N_2}} \sum\limits_{i,j=N_1+1}^{N} \left(\sum\limits_{\sigma} \sigma_i \sigma_j e^{-\beta H_N(t)} \right) \left(\sum\limits_{\sigma} \sigma_i \sigma_j e^{-\beta H_N(t)} \right)}{Z_N^2(t)} =$$

$$= \beta \sqrt{\frac{1-t}{N_2}} \sum\limits_{i,j=N_1+1}^{N} (1 - \omega_t^2(\sigma_i \sigma_j)).$$

Inserendo questi risultati nei conti di prima abbiamo

$$\frac{d}{dt} \frac{1}{N} E(\log Z_N(t)) = \frac{\beta^2}{2N^2} \sum\limits_{i,j=1}^{N} E(1 - \omega_t^2(\sigma_i \sigma_j)) -$$

$$- \frac{\beta^2}{2N N_1} \sum\limits_{i,j=1}^{N_1} E(1 - \omega_t^2(\sigma_i \sigma_j)) - \frac{\beta^2}{2N N_2} \sum\limits_{i,j=N_1+1}^{N} E(1 - \omega_t^2(\sigma_i \sigma_j));$$

ora consideriamo la funzione *overlap* di due copie del sistema σ e τ e quella delle due stesse copie ristrette rispettivamente alle prime N_1 ed alle ultime N_2 particelle del sistema

$$q(\sigma, \tau) = \frac{1}{N} \sum\limits_{i=1}^{N} \sigma_i \tau_i$$

$$q^{(1)}(\sigma, \tau) = \frac{1}{N} \sum\limits_{i=1}^{N_1} \sigma_i \tau_i$$

$$q^{(2)}(\sigma, \tau) = \frac{1}{N} \sum\limits_{i=N_1+1}^{N} \sigma_i \tau_i$$

possiamo allora riscrivere l'ultimo membro così

$$\frac{\beta}{2N^2} E\left(N^2 - \sum\limits_{i,j=1}^{N} \omega_t^2(\sigma_i \sigma_j) \right) - \frac{\beta}{2N N_1} E\left(N^2 - \sum\limits_{i,j=1}^{N_1} \omega_t^2(\sigma_i \sigma_j) \right) -$$

$$-\frac{\beta}{2NN_2}E\left(N^2-\sum_{i,j=N_1+1}^{N}\omega_t^2(\sigma_i\sigma_j)\right)=$$

$$=\frac{\beta}{2N^2}E\left(N^2-\sum_{i,j=1}^{N}\left(\frac{\sum_\sigma\sigma_i\sigma_j e^{-\beta H(\sigma)}}{Z}\right)^2\right)-$$

$$-\frac{\beta}{2NN_1}E\left(N_1^2-\sum_{i,j=1}^{N_1}\left(\frac{\sum_\sigma\sigma_i\sigma_j e^{-\beta H(\sigma)}}{Z}\right)^2\right)-$$

$$-\frac{\beta}{2NN_2}E\left(N_2^2-\sum_{i,j=N_1+1}^{N}\left(\frac{\sum_\sigma\sigma_i\sigma_j e^{-\beta H(\sigma)}}{Z}\right)^2\right)=$$

$$=\frac{\beta^2}{2}-\frac{\beta^2}{2N^2}E\left(\sum_{i,j=1}^{N}\frac{\sum_{\sigma,\tau}\sigma_i\sigma_j\tau_i\tau_j e^{-\beta(H(\sigma)+H(\tau))}}{Z^2}\right)-$$

$$-\frac{N_1}{N}\frac{\beta^2}{2}-\frac{\beta^2}{2NN_1}E\left(\sum_{i,j=1}^{N_1}\frac{\sum_{\sigma,\tau}\sigma_i\sigma_j\tau_i\tau_j e^{-\beta(H(\sigma)+H(\tau))}}{Z^2}\right)-$$

$$-\frac{N_2}{N}\frac{\beta^2}{2}-\frac{\beta^2}{2NN_2}E\left(\sum_{i,j=N_1+1}^{N}\frac{\sum_{\sigma,\tau}\sigma_i\sigma_j\tau_i\tau_j e^{-\beta(H(\sigma)+H(\tau))}}{Z^2}\right)=$$

$$= \frac{\beta^2}{2} - \frac{\beta^2}{2} E \left(\frac{\sum_{\sigma,\tau} \left(\frac{\sum_{i=1}^{N} \sigma_i \tau_i}{N} \right) \left(\frac{\sum_{j=1}^{N} \sigma_j \tau_j}{N} \right) e^{-\beta(H(\sigma)+H(\tau))}}{Z^2} \right) -$$

$$- \frac{N_1}{N} \frac{\beta^2}{2} - \frac{\beta^2}{2} E \left(\frac{\sum_{\sigma,\tau} \frac{N_1}{N} \left(\frac{\sum_{i=1}^{N_1} \sigma_i \tau_i}{N_1} \right) \left(\frac{\sum_{j=1}^{N_1} \sigma_j \tau_j}{N_1} \right) e^{-\beta(H(\sigma)+H(\tau))}}{Z^2} \right) -$$

$$- \frac{N_2}{N} \frac{\beta^2}{2} - \frac{\beta^2}{2} E \left(\frac{\sum_{\sigma,\tau} \left(\frac{\sum_{i=N_1+1}^{N} \sigma_i \tau_i}{N_2} \right) \left(\frac{\sum_{j=N_1+1}^{N} \sigma_j \tau_j}{N_2} \right) e^{-\beta(H(\sigma)+H(\tau))}}{Z^2} \right) =$$

$$= \frac{\beta^2}{2} \left(1 - \frac{N_1}{N} - \frac{N_2}{N} \right) - \frac{\beta^2}{2} \left(E \left(\Omega \left(q^2 \left(\sigma, \tau \right) \right) \right) -$$

$$-\frac{N_1}{N}E\left(\Omega\left(\left(q^{(1)}\left(\sigma,\tau\right)\right)^2\right)\right)-\frac{N_2}{N}E\left(\Omega\left(\left(q^{(2)}\left(\sigma,\tau\right)\right)^2\right)\right)\right)=$$

$$=-\frac{\beta^2}{2}<q^2\left(\sigma,\tau\right)-\frac{N_1}{N}\left[q^{(1)}\left(\sigma,\tau\right)\right]^2-\frac{N_2}{N}\left[q^{(2)}\left(\sigma,\tau\right)\right]^{2.}>$$

Ora facciamo notare che

$$q\left(\sigma,\tau\right)=\frac{N_1}{N}q^{(1)}\left(\sigma,\tau\right)-\frac{N_2}{N}q^{(2)}\left(\sigma,\tau\right)$$

e, usando nello stesso modo con cui s'è fatto col modello di Curie-Weiss la convessità della funzione quadrato otteniamo

$$q^2\left(\sigma,\tau\right)\le\frac{N_1}{N}\left(q^{(1)}\left(\sigma,\tau\right)\right)^2-\frac{N_2}{N}\left(q^{(2)}\left(\sigma,\tau\right)\right)^2$$

e, tenendo conto che la *media quenched* conserva il segno (come tutte le medie, essendo queste degli operatori positivi)

$$<q^2\left(\sigma,\tau\right)-\frac{N_1}{N}\left[q^{(1)}\left(\sigma,\tau\right)\right]^2-\frac{N_2}{N}\left[q^{(2)}\left(\sigma,\tau\right)\right]^{2.}>\ \le0$$

Possiam concludere che la media *quenched* della pressione interpolante è non decrescente in t, quindi

$$\frac{d}{dt}\frac{1}{N}E\left(\log Z\left(t\right)\right)\ge0 \tag{2.7}$$

Per le condizioni al contorno 2.5 e 2.6 su $E\left(\log Z\right)$ abbiamo la seguente proprietà di super-addittività per il prodotto della funzione ausiliaria col numero di particelle:

$$N\alpha_N\left(\beta,h\right)\ge N_1\alpha_{N_1}\left(\beta,h\right)+\alpha_{N_2}\left(\beta,h\right) \tag{2.8}$$

Poichè $-\beta<0$, ciò equivale alla sub-addittività della media *quenched* dell'energia libera per sito:

$$Nf_N\left(\beta,h\right)\le N_1f_{N_1}\left(\beta,h\right)+f_{N_2}\left(\beta,h\right) \tag{2.9}$$

Adesso, dimostrata la monotonia di $\alpha_N\left(\beta,h\right)$ rimane da provarne la limitatezza.
Per questo usiamo la disuguaglianza di Jensen con la funzione logaritmo:

$$Av\left(\log Z_N\left(\beta\right)\right)\le\log\left(Av\left(Z_N\left(\beta\right)\right)\right).$$

Prima di svilupparne i conti calcoliamo la covarianza di una coppia di hamiltoniane e la varianza di un'hamiltoniana:

$$Cov\left(H\left(\sigma\right),H\left(\tau\right)\right) =$$

$$= Av\left[\left(-\frac{1}{\sqrt{N}}\sum_{i,j=1}^{N}J_{ij}\sigma_i\sigma_j\right)\left(-\frac{1}{\sqrt{N}}\sum_{k,l=1}^{N}J_{kl}\tau_k\tau_l\right)\right] =$$

$$= Av\left(\frac{1}{N}\sum_{i,j,k,l=1}^{N}J_{ij}J_{kl}\sigma_i\sigma_j\tau_k\tau_l\right) =$$

le $\sigma_i, \sigma_j, \tau_k, \tau_l$ son costanti rispetto ad Av perchè essa è la media rispetto alle gaussiane (rispetto a loro c'è la media di Boltzmann), quindi possiam portarle fuori da Av :

$$= \frac{1}{N}\sum_{i,j,k,l=1}^{N}\left[Av\left(J_{ij}J_{kl}\right)\sigma_i\sigma_j\tau_k\tau_l\right] = \frac{1}{N}\sum_{i,j,k,l=1}^{N}\left(\delta_{ij}^{kl}\cdot\sigma_i\sigma_j\tau_k\tau_l\right) =$$

$$\frac{1}{N}\sum_{i,j=1}^{N}\sigma_i\sigma_j\tau_i\tau_j = N\frac{1}{N}\left(\sum_{i=1}^{N}\sigma_i\tau_i\right)\frac{1}{N}\left(\sum_{j=1}^{N}\sigma_j\tau_j\right) = N\cdot q^2\left(\sigma,\tau\right);$$

$$Var\left(H\left(\sigma\right)\right) = Cov(H(\sigma),H(\sigma)) = N\cdot q^2\left(\sigma,\sigma\right) = N\cdot1 = N;$$

tornando alla disuguaglianza di Jensen abbiamo

$$Av\left(\log\left(\sum_{\sigma}e^{-\beta H(\sigma)}\right)\right) \leq \log\left(Av\left(\sum_{\sigma}e^{-\beta H(\sigma)}\right)\right) =$$

$$= \log\left(\sum_{\sigma}Av\left(e^{-\beta H(\sigma)}\right)\right) = \log\left(\sum_{\sigma}e^{\frac{\beta^2 N}{2}}\right) = \log\left(2^N e^{\frac{\beta^2 N}{2}}\right) =$$

$$= N\left(\log 2 + \frac{\beta^2}{2}\right) \implies \frac{Av\left(\log Z_N\left(\beta\right)\right)}{N} \leq C\left(\beta\right),$$

con $C(\beta) = \log 2 + \frac{\beta^2}{2}$ costante rispetto ad N (dipende solo da β).

Teorema 2.2.1. *Il limite termodinamico del modello di Sherrington-Kirkpatrick esiste ed è finito e coincide con l'estremo superiore della funzione ausiliaria:*

$$\lim_{N\to+\infty}\alpha_N(\beta,h) = \sup_{N}\alpha_N\left(\beta,h\right) \equiv \alpha(\beta,h) < +\infty. \quad (2.10)$$

Capitolo 3

Generalizzazione del modello S-K: i modelli ad energia random gaussiana correlati

In questo capitolo enunciamo una condizione sufficiente per l'esistenza del limite termodinamico nei modelli correlati ad energia random gaussiana: di questi vedremo come esempi i modelli *p-spin* (per $p = 1$ ritroviamo il modello di Sherrington-Kirkpatrick), il modello *REM* di Derrida ed il modello *GREM* di Derrida-Gardner.

3.1   Risultato e dimostrazione

Sia $\{E_\sigma(N)\}_{\sigma \in \Sigma_N}$ una famiglia di 2^N variabili aleatorie Gaussiane unitarie e centrate, ossia tali che

$$Av(E_\sigma(N)) = 0$$

e

$$Av(E_\sigma^2(N)) = 1$$

dove Av indica la media gaussiana rispetto alla misura di probabilità 2^N-dimensionale

$$dP(E_1, E_2, ..., E_{2^N}) = \frac{1}{\sqrt{(2\pi)^{2^N} \det(C)}} e^{-\frac{1}{2} <E, C^{-1}E>} dE_1 \, dE_2 \dots dE_{2^N}$$

Chiamiamo C_N la matrice di covarianza di dimensione $2^N \times 2^N$ fatta dei termini

$$c_N(\sigma, \tau) = Av\left(E_\sigma(N), E_\tau(N)\right)$$

facendo notare che è a diagonale unitaria, in quanto

$$c_N(\sigma, \sigma) = Av\left(E_\sigma^2(N)\right) = 1.$$

Ora, come solito, introduciamo le solite osservabili del sistema:
-l'hamiltoniana è

$$H_N(\sigma) = -\sqrt{N}E_\sigma(N);$$

-la funzione di partizione è

$$Z_N(\beta, E) = \sum_\sigma e^{-\beta H_N(\sigma)} = \sum_\sigma e^{\beta\sqrt{N}E_\sigma(N)};$$

-l'energia libera *quenched* per sito $f_N(\beta)$ è definita con la relazione

$$-\beta f_N(\beta) = \alpha_N(\beta) = \frac{1}{N} Av\left(\log Z_N(\beta, E)\right).$$

Teorema 3.1.1. *Se* $\exists \overline{N} \in N : \forall N \geq \overline{N}$, $\forall\ (\sigma, \tau) \in \Sigma_N \times \Sigma_N$ *e* $\forall$ *decomposizione* $(N_1, N_2) : N_1 + N_2 = N$ *la matrice* C_N *soddisfa la condizione*

$$c_N(\sigma, \tau) - \frac{N_1}{N}c_{N_1}\left(\pi_1(\sigma), \pi_1(\tau)\right) - \frac{N_2}{N}c_{N_2}\left(\pi_2(\sigma), \pi_2(\tau)\right) \leq 0$$

$$(3.1)$$

(ove π_1 *e* π_2 *son le proiezioni canoniche nei rispettivi sottospazi* Σ_{N_1} *e* Σ_{N_2}*)*
allora

$$\exists \lim_{N \to +\infty} \frac{1}{N} Av\left(\log Z_N(\beta)\right) = \sup_N \frac{1}{N} Av\left(\log Z_N(\beta)\right) < +\infty$$

ossia esiste finito il limite termodinamico.

Dimostrazione. Nei prossimi passaggi ci servirà inserire un sistema di variabili Gaussiane $\{E_\sigma\}_{\Sigma_K}$ in un sistema più grande $\{E_\sigma\}_{\Sigma_L}$ per $K < L$.
In particolare vogliamo unire due sottoinsiemi di N_1 ed N_2 particelle in uno di N particelle: per questo facciamo quanto segue.

Data una famiglia $\{E_\mu\}_{\Sigma_{N_1}}$ per un sistema di N_1 particelle definiamo il suo allargamento $\{E_\sigma^{(1)}\}_{\Sigma_N}$ ad uno di N particelle ponendo

$$E_\sigma^{(1)} \overset{D}{=} E_{\pi_1(\sigma)}$$

Allo stesso modo partendo da $\{E_\mu\}_{\Sigma_{N_1}}$ definiamo $E_\sigma^{(2)}$ ponendo

$$E_\sigma^{(2)} \overset{D}{=} E_{\pi_2(\sigma)}.$$

Ancora una volta facciamo uso dell'interpolazione.
Data una coppia di proiezioni canoniche (definite come prima) (π_1, π_2) consideriamo tre sistemi gaussiani indipendenti E_σ, $E^1_{\pi_1(\sigma)}$ e $E^2_{\pi_2(\sigma)}$ e definiamo l'hamiltoniana interpolante

$$H_{N,N_1,N_2}(\sigma, t) = -\sqrt{tN}E_\sigma - \sqrt{(1-t)N_1}E^{(1)}_{\pi_1(\sigma)} - \sqrt{(1-t)N_2}E^{(2)}_{\pi_2(\sigma)}$$

e la corrispondente funzione di partizione

$$Z_N(t, \beta) = \sum_{\sigma \in \Sigma_N} e^{-\beta H_{N,N_1,N_2}(\sigma,\tau)}$$

Adesso andiamo a provare la limitatezza delle quantità che c'interessa: per la disuguaglianza di Jensen

$$Av(\log Z) \leq \log(Av(Z)) \qquad (3.2)$$

abbiamo

$$\frac{1}{N}Av(\log Z_N(\beta)) \leq \frac{1}{N}\log(Av(Z_N(\beta))) =$$

$$= \frac{1}{N}\log\left(\int\int \cdots \int \frac{1}{\sqrt{(2\pi)^{2^N}\det(C)}}e^{-\frac{1}{2}<E_\sigma,C^{-1}E_\sigma>}\sum_\sigma e^{\beta\sqrt{N}E_\sigma(N)}\,dE_{\sigma^1}...dE_{\sigma^{2^N}}\right)$$

$$= \frac{1}{N}\log\left(\int\int \cdots \int \frac{1}{\sqrt{(2\pi)^{2^N}\det(C)}}e^{-\frac{1}{2}<E_\sigma,C^{-1}E_\sigma>}\left(e^{\beta\sqrt{N}E_{\sigma^1}(N)} + ...\right.\right.$$

$$\left.\left. ... + e^{\beta\sqrt{N}E_{\sigma^{2^N}}(N)}\right)dE_{\sigma^1}...dE_{\sigma^{2^N}}\right) =$$

$$= \frac{1}{N}\log\left(\int \frac{1}{\sqrt{(2\pi)^{2^N}\det(C)}}e^{-\frac{1}{2}<E_{\sigma^1},C_1^{-1}E_{\sigma^1}>}e^{\beta\sqrt{N}E_{\sigma^1}(N)}\,dE_{\sigma^1} \cdot 1 + ...\right.$$

$$+ \int \frac{1}{\sqrt{(2\pi)^{2^N} \det(C)}} e^{-\frac{1}{2}<E_{\sigma 1},C_{2^N}^{-1}E_{\sigma 2^N}>} e^{\beta\sqrt{N}E_{\sigma 1}(N)} \, dE_{\sigma 2^N} \cdot 1 \Bigg) =$$

$$= \frac{1}{N} \log(e^{\frac{\beta^2 N^2}{2}} \cdot \ldots \cdot e^{\frac{\beta^2 N^2}{2}}) =$$

$$= \frac{1}{N} \log(2^N e^{\frac{\beta^2 N^2}{2}}) = \log(2) + \frac{\beta^2}{2}$$

$$\implies \frac{1}{N} Av(\log Z_N(\beta)) \le \log(2) + \frac{\beta^2}{2}.$$

Ora invece guardiamo all'andamento: proviamo la monotonia di $\frac{1}{N} Av(\log Z_N(\beta))$:

$$\frac{d}{dt} \frac{1}{N} Av \left(\log Z_N(t)\right) = \frac{1}{N} Av \left(\frac{Z_N'(t)}{Z_N(t)}\right) =$$

$$= \frac{1}{N} Av \left\{ \frac{\beta}{2Z_N(t)} \sum_{\sigma \in \Sigma_N} \left[\left(\sqrt{\frac{N}{t}} E_\sigma - \sqrt{\frac{N_1}{1-t}} E_{\pi_1(\sigma)}^{(1)} - \sqrt{\frac{N_2}{1-t}} E_{\pi_2(\sigma)}^{(2)}\right) e^{-\beta H(\sigma,t)} \right] \right\}$$

$$= \frac{\beta}{2N} \sum_{\sigma \in \Sigma_N} \left[\sqrt{\frac{N}{t}} Av \left(\frac{E_\sigma e^{-\beta H(\sigma,t)}}{Z_N(t)}\right) + \sqrt{\frac{N_1}{1-t}} Av \left(\frac{E_{\pi_1(\sigma)}^{(1)} e^{-\beta H(\sigma,t)}}{Z_N(t)}\right) + \right.$$

$$\left. + \sqrt{\frac{N_2}{1-t}} Av \left(\frac{E_{\pi_2(\sigma)}^{(2)} e^{-\beta H(\sigma,t)}}{Z_N(t)}\right) \right] =$$

facendo uso della formula d'integrazione per parti in più dimensioni per Gaussiane correlate X_i di covarianza $\{c_{ij}\}_{j=1..n}$

$$Av\left(X_i \cdot f\left(X_i\right)\right) = Av \left(\sum_{j=1}^{n} c_{ij} \frac{\partial f}{\partial x_j}\right) \qquad (3.3)$$

abbiamo

$$= \frac{\beta}{2N} \sum_{\sigma \in \Sigma_N} \left[\sqrt{\frac{N}{t}} Av \left(\sum_{\tau \in \Sigma_N} c_N(\sigma,\tau) \cdot \frac{\partial}{\partial E_\tau} \frac{e^{-\beta H}}{Z_N(t)}\right) + \right.$$

$$\left. + \sqrt{\frac{N_1}{1-t}} Av \left(\sum_{\tau_1 \in \Sigma_{N_1}} c_{N_1}(\pi_1(\sigma),\tau_1) \cdot \frac{\partial}{\partial E_{\tau_1}^{(1)}} \frac{e^{-\beta H}}{Z_N(t)}\right) + \right.$$

$$+\sqrt{\frac{N_2}{1-t}}Av\left(\sum_{\tau_2\in\Sigma_{N_2}}c_{N_2}(\pi_2(\sigma),\tau_2)\cdot\frac{\partial}{\partial E^{(2)}_{\tau_2}}\frac{e^{-\beta H}}{Z_N(t)}\right)\Bigg]=$$

Calcoliamo a parte le tre derivate parziali:

$$\frac{\partial}{\partial E_\tau}\frac{e^{-\beta H}}{Z_N(t)}=$$

$$=\frac{\beta\sqrt{Nt}\delta^\tau_\sigma e^{-\beta H(\sigma,t)}\cdot Z_N(t)-e^{-\beta H(\sigma,t)}\cdot\beta\sqrt{Nt}\displaystyle\sum_{\xi\in\Sigma_N,\xi=\tau}e^{-\beta H(\xi,t)}}{Z_N^2(t)}=$$

$$=\beta\sqrt{Nt}\left(\frac{\delta^\tau_\sigma e^{-\beta H(\sigma,t)}}{Z_N(t)}-\frac{\displaystyle\sum_{\xi\in\Sigma_N}\delta^\tau_\xi e^{-\beta H(\xi,t)+H(\sigma,t)}}{Z_N^2(t)}\right);$$

$$\frac{\partial}{\partial E^{(1)}_{\tau_1}}\frac{e^{-\beta H}}{Z_N(t)}=$$

$$=\frac{1}{Z_N^2(t)}\cdot\left(\beta\sqrt{N_1(1-t)}\delta^\tau_{\pi_1(\sigma)}e^{-\beta H(\sigma,t)}\cdot Z_N(t)-\right.$$

$$\left.-e^{-\beta H(\sigma,t)}\cdot\beta\sqrt{N_1(1-t)}\sum_{\xi\in\Sigma_N,\pi_1(\xi)=\tau_1}e^{-\beta H(\xi,t)}\right)=$$

$$=\beta\sqrt{N_1(1-t)}\left(\frac{\delta^{\tau_1}_{\pi_1(\sigma)}e^{-\beta H(\sigma,t)}}{Z_N(t)}-\frac{\displaystyle\sum_{\xi\in\Sigma_N}\delta^{\tau_1}_{\pi_1(\xi)}e^{-\beta H(\xi,t)+H(\sigma,t)}}{Z_N^2(t)}\right);$$

$$\frac{\partial}{\partial E^{(2)}_{\tau_2}}\frac{e^{-\beta H}}{Z_N(t)}=$$

$$=\beta\sqrt{N_2(1-t)}\left(\frac{\delta^{\tau_2}_{\pi_2(\sigma)}e^{-\beta H(\sigma,t)}}{Z_N(t)}-\frac{\displaystyle\sum_{\xi\in\Sigma_N}\delta^{\tau_2}_{\pi_2(\xi)}e^{-\beta H(\xi,t)+H(\sigma,t)}}{Z_N^2(t)}\right);$$

In tal modo i passaggi continuano nel seguente modo:

$$
= \frac{\beta}{2N} \left\{ \beta N Av \left[\sum_{\sigma \in \Sigma_N} \sum_{\tau \in \Sigma_N} c_N(\sigma, \tau) \left(\frac{\delta_\sigma^\tau e^{-\beta H(\sigma,t)}}{Z_N(t)} - \frac{\sum_{\xi \in \Sigma_N} \delta_\xi^\tau e^{-\beta H(\xi,t)+H(\sigma,t)}}{Z_N^2(t)} \right) \right] + \right.
$$

$$
+ \beta N_1 Av \left[\sum_{\sigma \in \Sigma_N} \sum_{\tau_1 \in \Sigma_{N_1}} c_{N_1}(\pi_1(\sigma), \tau_1) \cdot \right.
$$

$$
\left. \left(\frac{\delta_{\pi_1(\sigma)}^{\tau_1} e^{-\beta H(\sigma,t)}}{Z_N(t)} - \frac{\sum_{\xi \in \Sigma_N} \delta_{\pi_1(\xi)}^{\tau_1} e^{-\beta H(\xi,t)+H(\sigma,t)}}{Z_N^2(t)} \right) \right] +
$$

$$
+ \beta N_2 Av \left[\sum_{\sigma \in \Sigma_N} \sum_{\tau_2 \in \Sigma_{N_2}} c_{N_2}(\pi_2(\sigma), \tau_2) \cdot \right.
$$

$$
\left. \left. \cdot \left(\frac{\delta_{\pi_2(\sigma)}^{\tau_2} e^{-\beta H(\sigma,t)}}{Z_N(t)} - \frac{\sum_{\xi \in \Sigma_N} \delta_{\pi_2(\xi)}^{\tau_2} e^{-\beta H(\xi,t)+H(\sigma,t)}}{Z_N^2(t)} \right) \right] \right\} =
$$

fare

$$
\sum_{\sigma \in \Sigma_N} \sum_{\tau \in \Sigma_N} \delta_\sigma^\tau
$$

è come fare

$$
\sum_{\sigma \in \Sigma_N}
$$

e, fare

$$
\sum_{\sigma \in \Sigma_N} \sum_{\tau \in \Sigma_N} \sum_{\xi \in \Sigma_N} \delta_\xi^\tau,
$$

è come fare

$$
\sum_{(\sigma, \xi) \in \Sigma_N \times \Sigma_N} ;
$$

fare

$$
\sum_{\sigma \in \Sigma_N} \sum_{\tau_1 \in \Sigma_{N_1}} \delta_{\pi_1(\xi)}^{\tau_1}
$$

è come fare

$$\sum_{\sigma \in \Sigma_N : \pi_1(\sigma)=\tau_1} \sum_{\tau_1 \in \Sigma_{N_1}},$$

ossia

$$\sum_{\sigma \in \Sigma_N};$$

ragionando allo stesso modo, fare

$$\sum_{\sigma \in \Sigma_N} \sum_{\tau_1 \in \Sigma_{N_1}} \sum_{\xi \in \Sigma_N} \delta^{\tau_1}_{\pi_1(\xi)}$$

è come fare

$$\sum_{\sigma \in \Sigma_N} \sum_{\xi \in \Sigma_N : \pi_1(\xi)=\tau_1} \sum_{\tau_1 \in \Sigma_{N_1}},$$

cioè

$$\sum_{(\sigma,\xi) \in \Sigma_N \times \Sigma_N}$$

(per i termini in N_2 è del tutto analogo); quindi abbiamo

$$= \frac{\beta^2}{2N} \left[N Av \left(\frac{\sum_{\sigma \in \Sigma_N} c_N(\sigma,\sigma)e^{-\beta H(\sigma,t)}}{Z_N(t)} - \frac{\sum_{(\sigma,\tau) \in \Sigma_N \times \Sigma_N} c_N(\sigma,\xi)e^{-\beta(H(\sigma,t)+H(\tau,t))}}{Z_N^2(t)} \right) + \right.$$

$$+ N_1 Av \left(\frac{\sum_{\sigma \in \Sigma_N} c_{N_1}(\pi_1(\sigma),\pi_1(\sigma))e^{-\beta H(\sigma,t)}}{Z_N(t)} - \right.$$

$$\left. - \frac{\sum_{(\sigma,\xi) \in \Sigma_N \times \Sigma_N} c_{N_1}(\pi_1(\sigma),\pi_1(\xi))e^{-\beta(H(\sigma,t)+H(\tau,t))}}{Z_N^2(t)} \right) +$$

$$N_2 Av \left(\frac{\sum_{\sigma \in \Sigma_N} c_{N_2}(\pi_2(\sigma),\pi_2(\sigma))e^{-\beta H(\sigma,t)}}{Z_N(t)} - \right.$$

$$-\frac{\displaystyle\sum_{(\sigma,\xi)\in\Sigma_N\times\Sigma_N} c_{N_2}(\pi_2(\sigma),\pi_2(\xi))e^{-\beta(H(\sigma,t)+H(\tau,t))}}{Z_N^2(t)}\Bigg)\Bigg] =$$

ricordando che $c_N(\sigma,\sigma)=1\ \forall\sigma$ abbiamo

$$=\frac{\beta^2}{2N}(N<1-c_N(\sigma,\xi)>_t - N_1<1-c_{N_1}(\pi_1(\sigma),\pi_1(\xi))>_t -$$

$$-N_2<1-c_{N_2}(\pi_2(\sigma),\pi_2(\xi))>_t)=$$

dove $<\ >_t$ indica la media *quenched* rispetto all'hamiltoniana interpolante $H(t)$

$$=-\frac{\beta^2}{2}<c_N(\sigma,\xi)-\frac{N_1}{N}c_{N_1}(\pi_1(\sigma),\pi_1(\xi))-$$

$$-\frac{N_2}{N}c_{N_2}(\pi_2(\sigma),\pi_2(\xi))>_t\geq 0$$

$$\implies \frac{d}{dt}Av(\log Z_N(t))\geq 0.$$

$\square$

Così abbiam provato la monotonia di $Av(\log Z_N(t))$; ora ne calcoliamo i valori agli estremi di t:

$$Z_N(0,\beta)=\sum_{\sigma\in\Sigma_N}e^{\beta(\sqrt{N_1}E^{(1)}_{\pi_1(\sigma)}+\sqrt{N_2}E^{(2)}_{\pi_2(\sigma)})}=$$

$$=\sum_{\tau\in\Sigma_{N_2}}\sum_{\sigma\in\Sigma_N:\pi_2(\sigma)=\tau}e^{\beta(\sqrt{N_1}E^{(1)}_{\pi_1(\sigma)}+\sqrt{N_2}E^{(2)}_\tau)}=$$

$$=\sum_{\tau\in\Sigma_{N_2}}e^{\beta\sqrt{N_2}E^{(2)}_\tau}\sum_{\gamma\in\Sigma_{N_1}}e^{\beta\sqrt{N_1}E^{(2)}_\gamma}=$$

$$=Z_{N_1}(\beta)\cdot Z_{N_2}(\beta);$$

$$Z_N(1,\beta)=\sum_{\sigma\in\Sigma_N}e^{\beta\sqrt{N}E_\sigma}=Z_N(\beta);$$

Dunque

$$Av(\log(Z_{N_1}(\beta)\cdot Z_{N_2}(\beta)))=Av(\log(Z_{N_1}(\beta)))+$$

$$+Av(\log(Z_{N_2}(\beta))) \leq Av(\log(Z_N(\beta)))$$
$$\implies \forall\, N_1, N_2, N \; : \; N_1 + N_2 = N$$

si ha

$$\alpha_N \geq \frac{N_1}{N}\alpha_{N_1} + \frac{N_1}{N}\alpha_{N_1} \qquad (3.4)$$

3.2 I modelli p-spin

Un modello p-spin è caratterizzato da

$$E_\sigma = \frac{1}{N^{\frac{p}{2}}} \sum_{i_1,i_2,\ldots,i_p=1}^{N} J_{i_1,\ldots,i_p}\sigma_{i_1}\ldots\sigma_{i_p} \qquad (3.5)$$

Qui le covarianze diventano

$$Av(E_\sigma E_\tau) =$$

$$= Av\left[\frac{1}{N^{\frac{p}{2}}}\left(\sum_{i_1,\ldots,i_p=1} J_{i_1,\ldots,i_p}\sigma_{i_1}\ldots\sigma_{i_p}\right) \cdot \frac{1}{N^{\frac{p}{2}}}\left(\sum_{j_1,\ldots,j_p=1}^{N} J_{j_1,\ldots,j_p}\tau_{j_1}\ldots\tau_{j_p}\right)\right] =$$

$$= \frac{1}{N^p}Av\left[\sum_{i_1,\ldots,i_p=1\,j_1,\ldots,j_p=1}^{N} \left(J_{i_1,\ldots,i_p}\cdot J_{j_1,\ldots,j_p}\sigma_{i_1}\ldots\sigma_{i_p}\tau_{j_1}\ldots\tau_{j_p}\right)\right] =$$

$$= \frac{1}{N^p}\left[\sum_{i_1,\ldots,i_p=1\,j_1,\ldots,j_p=1}^{N} Av\left(J_{i_1,\ldots,i_p}\cdot J_{j_1,\ldots,j_p}\right)\sigma_{i_1}\ldots\sigma_{i_p}\tau_{j_1}\ldots\tau_{j_p}\right] =$$

$$= \frac{1}{N^p}\left[\sum_{i_1,\ldots,i_p=1\,j_1,\ldots,j_p=1}^{N} \delta_{j_1,\ldots,j_p}^{i_1,\ldots,i_p}\sigma_{i_1}\ldots\sigma_{i_p}\tau_{j_1}\ldots\tau_{j_p}\right] =$$

$$= \frac{1}{N^p}\left[\sum_{i_1,\ldots,i_p=1}^{N} \sigma_{i_1}\ldots\sigma_{i_p}\tau_{i_1}\ldots\tau_{i_p}\right] =$$

$$= \frac{\sum_{i_1=1}^{N}\sigma_{i_1}\tau_{i_1}}{N} \cdot \frac{\sum_{i_2=1}^{N}\sigma_{i_2}\tau_{i_2}}{N} \cdot \ldots \cdot \frac{\sum_{i_p=1}^{N}\sigma_{i_p}\tau_{i_p}}{N} =$$

$$= q^p(\sigma,\tau)$$

dunque
$$Av(E_\sigma E_\tau) = q^p(\sigma, \tau). \qquad (3.6)$$

Se $p = 1$ abbiamo

$$q_N(\sigma, \tau) - \frac{N_1}{N} q_{N_1}(\pi_1(\sigma), \pi_1(\tau)) - \frac{N_2}{N} q_{N_2}(\pi_2(\sigma), \pi_2(\tau)) =$$

$$= q_N(\sigma, \tau) - \frac{N_1}{N} \cdot \frac{\displaystyle\sum_{i=1}^{N_1} \sigma_i \tau_i}{N_1} \cdot - \frac{N_2}{N} \cdot \frac{\displaystyle\sum_{j=N_1+1}^{N} \sigma_j \tau_j}{N_2} =$$

$$= q_N(\sigma, \tau) - \frac{1}{N} \left(\sum_{i=1}^{N} \sigma_i \tau_i \right) = q_N(\sigma, \tau) - q_N(\sigma, \tau) = 0 \qquad (3.7)$$

quindi la condizione 3.1 diventa un'uguaglianza per $p = 1$, caso del modello di campo random. Per questo diventa un'uguaglianza anche la 3.4 :

$$\forall\, N_1, N_2, N \; : \; N_1 + N_2 = N \quad \alpha_N = \frac{N_1}{N} \alpha_{N_1} + \frac{N_2}{N} \alpha_{N_2} \qquad (3.8)$$

Il che significa che la densità di energia libera di un modello di campo random non dipende dal numero di particelle, ossia

$$\alpha(N) = costante. \qquad (3.9)$$

Dimostrazione. Scegliendo $N_1 = N_2 = \frac{N}{2}$ la 3.8 diventa

$$\alpha_N = \frac{N}{2N} \alpha_{\frac{N}{2}} + \frac{N}{2N} \alpha_{\frac{N}{2}} = \alpha_{\frac{N}{2}};$$

scegliendo $N_1 = \frac{N}{3}$ ed $N_2 = \frac{2}{3}N$ la 3.8 diventa

$$\alpha_N = \frac{N}{3N} \alpha_{\frac{N}{3}} + \frac{2N}{3N} \alpha_{\frac{2}{3}N} =$$

e, visto che per il passaggio svolto sopra, $\alpha_{\frac{2}{3}N} = \alpha_{\frac{N}{3}}$,

$$= \frac{1}{3} \alpha_{\frac{N}{3}} + \frac{2}{3} \alpha_{\frac{N}{3}} = \alpha_{\frac{N}{3}};$$

ed ancora, usando questo risultato e scegliendo $N_1 = \frac{N}{4}$ ed $N_2 = \frac{3}{4}N$ la 3.8 diventa

$$\alpha_N = \frac{N}{4N} \alpha_{\frac{N}{4}} + \frac{3N}{4N} \alpha_{\frac{3}{4}N} = \frac{1}{4} \alpha_{\frac{N}{4}} + \frac{3}{4} \alpha_{\frac{N}{4}} = \alpha_{\frac{N}{4}}$$

$$\Rightarrow \alpha_N = \alpha_{\frac{N}{2}} = \alpha_{\frac{N}{3}} = \alpha_{\frac{N}{4}} = \alpha_{\frac{N}{5}} = \dots$$

$$\Rightarrow \alpha_N = \alpha_{2N} = \alpha_{3N} = \alpha_{4N} = \alpha_{5N} = \dots$$

$\Rightarrow$ preso $N = 1$ abbiamo

$$\alpha_1 = \alpha_2 = \alpha_3 = \alpha_4 = \alpha_5 = \dots$$

$\square$

Per $p = 2n$ pari (con $p = 2$ ritorniamo al modello di Sherrington-Kirkpatrick) la 3.7 assieme alla convessità della funzione $f(x) = x^{2n}$ (essendo potenza ad esponente pari) implica

$$q_N^{2n}(\sigma, \tau) - \frac{N_1}{N} q_{N_1}^{2n}(\pi_1(\sigma), \pi_1(\tau)) - \frac{N_2}{N} q_{N_2}^{2n}(\pi_2(\sigma), \pi_2(\tau)) \leq 0 \tag{3.10}$$

e l'ipotesi 3.1 del teorema d'esistenza del limite termodinamico è ancora una volta verificata.

3.3 Il modello REM

Questo modello è definito dalla condizione

$$Av(E_\sigma E_\tau) = \delta_\tau^\sigma.$$

La condizione 3.1 sussiste perchè vale

$$\delta_\tau^\sigma \leq \frac{N_1}{N} \delta_{\pi_1(\tau)}^{\pi_1(\sigma)} + \frac{N_2}{N} \delta_{\pi_2(\tau)}^{\pi_2(\sigma)} \tag{3.11}$$

Infatti se $\sigma = \tau$ viene l'identità $1 = 1$.
Se $\sigma \neq \tau$ possiamo avere:
$\pi_1(\sigma) \neq \pi_1(\tau)$ e $\pi_2(\sigma) \neq \pi_2(\tau) \Rightarrow 0 = 0$;
$\pi_1(\sigma) = \pi_1(\tau)$ e $\pi_2(\sigma) \neq \pi_2(\tau) \Rightarrow 0 \leq \frac{N_1}{N}$;
$\pi_1(\sigma) \neq \pi_1(\tau)$ e $\pi_2(\sigma) = \pi_2(\tau) \Rightarrow 0 \leq \frac{N_2}{N}$.

3.4 Il modello GREM

Il modello di Derrida-Gardner *GREM* è più complicato dei precedenti, ma anche per esso vale l'ipotesi con cui il teorema 3.1.1 assicura l'esistenza del limite termodinamico.

Consideriamo un albero provvisto di radice; dalla radice facciamo partire α_1^N rami, ciascuno dei quali termina in un vertice: questi α_1^N vertici formano il primo strato; da ciascuno di questi vertici facciamo partire α_2^N rami, i cui estremi finali vanno a formare il secondo strato; e così di seguito fino all'$n-1$-esimo strato, da ciascun vertice del quale si dipartono α_{n-1}^N rami, che terminano nell'n-esimo ed ultimo strato, costituito da 2^N foglie, dove $n < N$.

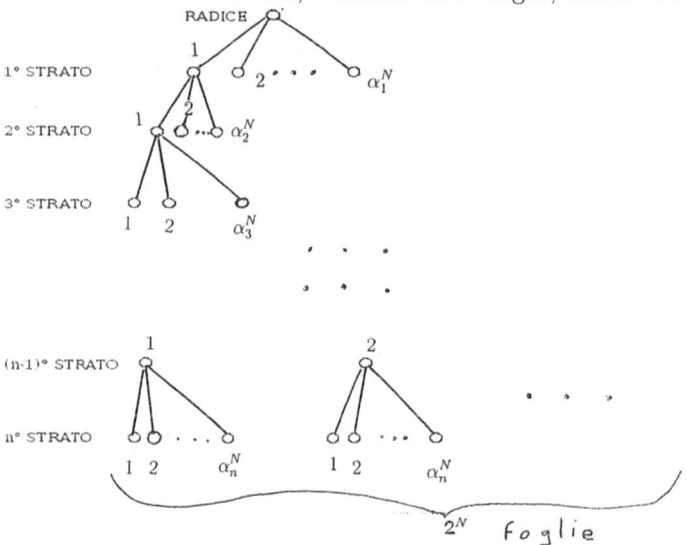

La costruzione dell'albero per divisioni successive implica

$$\prod_{i=1}^{n} \alpha_i^N = 2^N :$$

dunque ciascun α_i^N è divisore di 2^N, quindi è una potenza di due:

$$\alpha_i^N = 2^{k_i},$$

con k_i intero non negativo e tale che

$$\sum_{i=1}^{n} k_i = N;$$

ciascun α_i dipende da N.
Ad ogni foglia possiamo associare una configurazione di spin di

un sistema di N particelle $\sigma = (\sigma_1, \sigma_2, ..., \sigma_N)$. Infatti per ogni foglia esiste ed è unica la curva spezzata che la unisce alla radice; tale curva, passando per il primo strato attraversa uno dei 2^{k_1} rami, a cui possiamo associare univocamente una configurazione di k_1 spin (visto che il numero di tutte le possibili configurazioni è proprio 2^{k_1}): queste formano le prime k_1 componenti di σ; scendendo nel secondo strato troviamo altre k_2 componenti di σ, e, arrivati alla foglia, abbiamo costruito l'intero vettore.

In questo modello le variabili aleatorie che definiscono l'hamiltoniana e le altre grandezze del sistema sono definite così

$$E(\sigma) = \sum_{i=1}^{n} \epsilon_i(\sigma)$$

dove le ϵ_i sono n variabili aleatorie Gaussiane con media $Av(\epsilon_i) = 0$ e varianza $Av(\epsilon_i^2) = a_i$: dunque in termini di varianza le ϵ_i non dipendono dalla configurazione σ scelta ma solo dallo strato i: ecco perchè usiamo una struttura ad albero.

Se ora definiamo

$$v_l = \sum_{i=1}^{l-1} a_i,$$

ponendo $v_0 = 0$ e $v_1 = 1$, vediamo che se a partire da due foglie diverse due spezzate σ e τ si fondono allo strato l abbiamo

$$Av(E(\sigma), E(\tau)) = Av\left[\left(\sum_{i=1}^{n} \epsilon_i(\sigma)\right) \cdot \left(\sum_{j=1}^{n} \epsilon_j(\tau)\right)\right] =$$

$$= Av\left[\sum_{i,j=1}^{l-1} \epsilon_i(\sigma) \cdot \epsilon_j(\tau)\right] + Av\left[\sum_{i,j=l}^{n} \epsilon_i(\sigma) \cdot \epsilon_j(\tau)\right] =$$

$$= \sum_{i,j=1}^{l-1} \delta_j^i \cdot a_i + 0 = v_l.$$

51

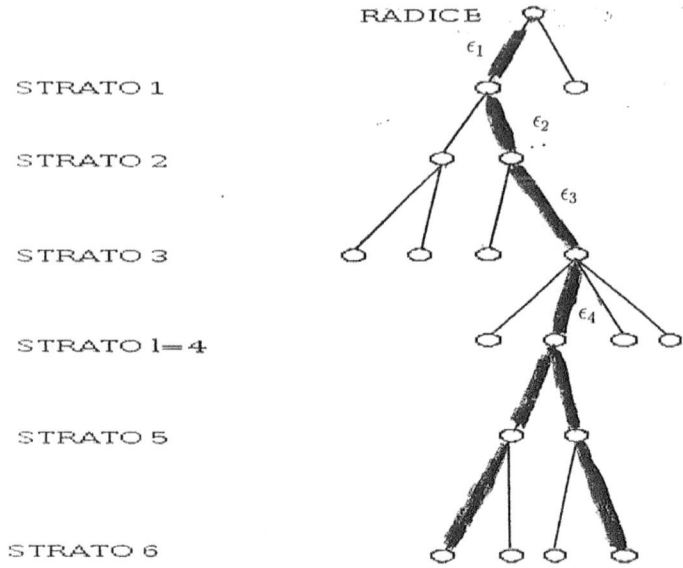

RADICE

STRATO 1

STRATO 2

STRATO 3

STRATO l=4

STRATO 5

STRATO 6

Fissati n ed N chiamiamo l'albero che caratterizza il modello $T_{n,N}$, e l'insieme delle variabili aleatorie associate ad ogni ramo E: possiamo allora indicare il modello di Derrida Gardner con $\{E, T_{n,N}\}$.

Ora vediamo come, con la seguente ipotesi, possiamo usare ancora una volta il teorema ?? . Supponiamo che, assegnato $\{E, T_{n,N}\}$ per un dato $n \in \mathbb{N}$ e $\forall N > n$, la successione $\{T_{n,N}\}_N$ sia decrescente in N, cioè si abbia

$$N \geq M \;\Rightarrow\; k_i(N) \geq k_i(M) \quad \forall i = 1...n.$$

Dato il processo $\{E, T_{n,N_1}\}$, $N_1 \geq N$ ed $N_1 + N_2 = N$ ne definiamo il processo 'allargamento' $\left\{E^{(1)}_{\pi_1}, T_{n,N}\right\}$ facendo partire da ogni vertice dell'$i-1$-esimo strato dell'albero ($\forall i = 1...N$) $2^{k_i(N)-k_i(N_1)}$ rami in più, assegnando la stessa variabile aleatoria $\epsilon^{(1)}_i$ ai rami appena aggiunti.

Così costruito il nuovo processo soddisferà la disuguaglianza

$$Av(E^{(1)}(\pi_1(\sigma)) \cdot E^{(1)}(\pi_1(\tau))) \geq v_l \qquad (3.12)$$

Anzichè l'uguaglianza può valere la disuguaglianza in tale verso perchè, come mostra il disegno, anche se due curve s'uniscono allo strato l, possiamo avere contributi non nulli anche da rami precedenti (visto che, per costruzione, ad alcuni rami è associata la stessa ϵ):

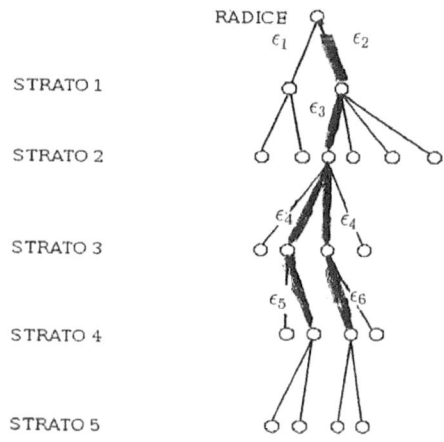

Definendo allo stesso modo a partire ancora da $\{E, T_{n,N}\}$ l'allargamento $\left\{ E^{(1)}_{\pi_2}, T_{n,N} \right\}$ abbiamo

$$Av(E^{(2)}(\pi_2(\sigma)) \cdot E^{(2)}(\pi_2(\tau))) \geq v_l \qquad (3.13)$$

e quindi

$$c_N(\sigma, \tau) - \frac{N_1}{N} c_{N_1}(\pi_1(\sigma), \pi_1(\tau)) - \frac{N_2}{N} c_{N_2}(\pi_2(\sigma), \pi_2(\tau)) =$$

$$= v_l - \frac{N_1}{N} v_l^{(1)} - \frac{N_2}{N} v_l^{(2)} \leq 0,$$

dato che $v_l^{(1)}, v_l^{(2)} \geq v_l$.

Appendice

Dimostriamo alcuni risultati usati nei passaggi precedenti:

$$\int_{-\infty}^{+\infty} \frac{e^{-\frac{x^2}{2}}}{\sqrt{2\pi}} \, dx = 1 \qquad (3.14)$$

Dimostrazione. usiamo un cambiamento in coordinate polari

$$\int_{\mathbb{R}^2} e^{-\frac{x^2+y^2}{2}} \, dx \, dy = \lim_{n \to +\infty} \int_{D(0,n)} e^{-\frac{x^2+y^2}{2}} \, dx \, dy =$$

$$= \lim_{n \to +\infty} \int_0^{2\pi} \int_0^n \rho e^{-\frac{\rho^2}{2}} \, d\rho \, d\theta = \lim_{n \to +\infty} \left(-\int_0^{2\pi} [e^{-\frac{\rho^2}{4}}]_0^n \, d\theta \right) =$$

$$= \lim_{n \to +\infty} \left(-\int_0^{2\pi} (e^{-\frac{n^2}{4}} - 1) \, d\theta \right) = \lim_{n \to +\infty} \left(2\pi - \frac{2\pi}{e^{\frac{n^2}{4}}} \right) = 2\pi$$

$$= \int_{\mathbb{R}^2} e^{-\frac{x^2+y^2}{2}} \, dx \, dy = \int_{\Re^2} e^{-\frac{x^2}{2}} e^{-\frac{y^2}{2}} \, dx \, dy =$$

$$= \int_{\mathbb{R}} e^{-\frac{y^2}{2}} \left(\int_{\Re} e^{-\frac{x^2}{2}} \, dx \right) dy = \left(\int_{\mathbb{R}} e^{-\frac{x^2}{2}} \, dx \right) \left(\int_{\mathbb{R}} e^{-\frac{y^2}{2}} \, dy \right) =$$

$$= \left(\int_{\mathbb{R}} e^{-\frac{x^2}{2}} \, dx \right)^2 = 2\pi \implies \int_{-\infty}^{+\infty} e^{-\frac{x^2}{2}} \, dx = \sqrt{2\pi} \implies$$

$$\implies \int_{-\infty}^{+\infty} \frac{e^{-\frac{x^2}{2}}}{\sqrt{2\pi}} \, dx = 1$$

$\square$

$$\int_{-\infty}^{+\infty} x \frac{e^{-\frac{x^2}{2}}}{\sqrt{2\pi}} \, dx = 0 \qquad (3.15)$$

Dimostrazione.

$$\int_{-\infty}^{+\infty} x \frac{e^{-\frac{x^2}{2}}}{\sqrt{2\pi}}\,dx = -\frac{1}{\sqrt{2\pi}} \int_{-\infty}^{+\infty} -xe^{-\frac{x^2}{2}}\,dx = -\frac{1}{\sqrt{2\pi}}\left[e^{-\frac{x^2}{2}}\right]_{-\infty}^{+\infty} = 0$$

$\square$

$$\int_{-\infty}^{+\infty} x^2 \frac{e^{-\frac{x^2}{2}}}{\sqrt{2\pi}}\,dx = 1 \qquad (3.16)$$

Dimostrazione. basta integrare per parti

$$\int_{-\infty}^{+\infty} x^2 \frac{e^{-\frac{x^2}{2}}}{\sqrt{2\pi}}\,dx = \frac{1}{\sqrt{2\pi}} \int_{-\infty}^{+\infty} x^2 e^{-\frac{x^2}{2}}\,dx =$$

$$= \frac{1}{\sqrt{2\pi}}\left[-xe^{-\frac{x^2}{2}}\right]_{-\infty}^{+\infty} + \frac{1}{\sqrt{2\pi}} \int_{-\infty}^{+\infty} e^{-\frac{x^2}{2}}\,dx = 0 + 1 = 1$$

$\square$

$$\int_{-\infty}^{+\infty} e^{-\beta x} \frac{e^{-\frac{x^2}{2}}}{\sqrt{2\pi}}\,dx = e^{\frac{\beta^2}{2}}, \; \beta \in \Re \qquad (3.17)$$

Dimostrazione. si fa il completamento del quadrato all'esponente e poi una sostituzione

$$\int_{-\infty}^{+\infty} \frac{e^{-\frac{x^2}{2}}}{\sqrt{2\pi}} e^{-\beta x}\,dx = \int_{-\infty}^{+\infty} \frac{e^{-\frac{x^2}{2}-\beta x -\frac{\beta^2}{2}+\frac{\beta^2}{2}}}{\sqrt{2\pi}}\,dx = e^{\frac{\beta^2}{2}} \int_{-\infty}^{+\infty} \frac{e^{-\frac{(x+\beta)^2}{2}}}{\sqrt{2\pi}}\,dx =$$

usando la sostituzione

$$x + \beta = t \Rightarrow dx = dt$$

viene

$$= e^{\frac{\beta^2}{2}} \int_{-\infty}^{+\infty} \frac{e^{-\frac{t^2}{2}}}{\sqrt{2\pi}}\,dt = e^{\frac{\beta^2}{2}}$$

$\square$

Integrazione per parti sul rumore gaussiano:

$$E\left(J \cdot f(J)\right) = E(f'(J)) \qquad (3.18)$$

Dimostrazione.

$$E(J \cdot f(J)) = \int_{-\infty}^{+\infty} J \cdot f(J) \cdot e^{-\frac{J^2}{2}} \, dJ =$$

chiamata $p(J)$ la distribuzione gaussiana ed integrando per parti si ha

$$= -[f(J) \cdot p(J)]_{-\infty}^{+\infty} + \int_{-\infty}^{+\infty} f'(J) \cdot p(J) \, dJ =$$

se $f(J)$ per $J \to \pm\infty$ è un infinito di grado inferiore all'esponenziale il primo termine è nullo e rimane

$$= E(f'(J))$$

$\square$

Disuguaglianza di Jensen

$$Av(\log Z) \leq \log(Av(Z)) \quad \forall \ \text{variabile aleatoria} \ Z : \mathbb{R} \longrightarrow \mathbb{R} \tag{3.19}$$

Dimostrazione. $\forall x \in \mathbb{R} \quad e^x \geq x + 1$; per la monotonia dell'integrale
$\int e^x \, dx \geq \int (x+1) \, dx$ e ne segue che

$$Av(e^X) = e^{Av(X)} \cdot (Av(e^{X-Av(X)})) \geq e^{Av(X)} \cdot (Av(1 + X - Av(X))) =$$
$$= e^{Av(X)};$$

e, prendendo il primo e l'ultimo membro,

$$Av(e^X) \geq e^{Av(X)};$$

ora, ponendo $e^X = Z$ la disuguaglianza sopra diviene

$$Av(Z) \geq e^{Av(\log Z)} \Rightarrow \log(Av(Z)) \geq Av(\log Z)$$

$\square$

Osservazione 3.1. *Questa disuguaglianza non è valida solo per il logaritmo ma anche per ogni funzione convessa. Inoltre se la funzione è concava vale la disuguaglianza nel verso opposto.*

Teorema 3.4.1. *Teorema del punto fisso*
Dato lo spazio metrico completo (X, d), se la mappa $T : X \longrightarrow X$
è una contrazione, ossia se

$$\exists \alpha \in [0; 1[\ : \ \forall x, y \in I \ d\left(T(x) - T(y)\right) \leq \alpha \cdot (x - y),$$

allora l'equazione al $x = T(x)$ ha una ed una sola soluzione, data da

$$\overline{x} = \lim_{n \to +\infty} T^n(x_0)$$

dove $x_0 \in X$ è un punto qualunque di X scelto come punto di partenza.

Dimostrazione. Consideriamo un qualunque punto $x \in X$ e costruiamo a partire da esso la successione $\{x_n\}_n$ nel seguente modo:

$$x_1 = T(x)$$
$$x_2 = T(x_1)$$
$$x_3 = T(x_2)$$
$$...$$
$$x_n = T(x_{n-1})$$
$$...$$

Questa è una successione di Cauchy; infatti:

$$d(x_1, x_2) = d(T(x, x_1)) \leq \alpha \cdot d(x, x_1) = \alpha \cdot d(x, T(X))$$

$$d(x_2, x_3) = d(T(x_1, x_2)) \leq \alpha \cdot d(x_1, x_2) \leq \alpha^2 \cdot d(x, T(X))$$

$$...$$

$$d(x_n, x_{n+1}) \leq \alpha^n \cdot d(x, T(X))$$

$$...$$

quindi

$$d(x_n, x_{n+p}) \leq d(x_n, x_{n+1}) + d(x_{n+1}, x_{n+2}) + ... + d(x_{n+p-1}, x_{n+p}) \leq$$

$$\leq (\alpha^n + \alpha^{n+1} + ... + \alpha^{n+p-1}) \cdot d(x, T(x)) =$$

$$= \frac{\alpha^n - \alpha^{n+p}}{1 - \alpha} d(x, T(x)) \leq \frac{\alpha^n}{1 - \alpha} \cdot d(x, T(x))$$

$$\Rightarrow \lim_{n \to +\infty} d(x_n, x_{n+p}) = 0 \quad \forall p > 0.$$

Dato che lo spazio è supposto completo ogni successione di Cauchy avrà limite in esso, quindi anche per questa esisterà un $\overline{x} \in X$ tale che

$$\overline{x} = \lim_{n \to +\infty} T^n(x).$$

Facciamo vedere che $T(\overline{x}) = x$:

$$d(\overline{x}, T(\overline{x})) \leq d(\overline{x}, x_n) + d(x_n, T(\overline{x})) =$$

$$= d(\overline{x}, x_n) + d(T(x_{n-1}), T(\overline{x})) \leq d(\overline{x}, x_n) + \alpha \cdot d(x_{n-1}, \overline{x})$$

$$\leq \frac{\epsilon}{2} + \frac{\epsilon}{2}$$

per n abbastanza grande

$$\Rightarrow d(\overline{x}, T(\overline{x})) \leq \epsilon \quad \forall \epsilon > 0$$

$$\Rightarrow d(\overline{x}, T(\overline{x})) = 0$$

$$\Rightarrow T(\overline{x}) = \overline{x}.$$

$\overline{x}$ inoltre è unico: infatti, se per ipotesi

$$\exists \ \overline{x}, \overline{y} : T(\overline{x}) = \overline{x} \ e \ T(\overline{y}) = \overline{y}$$

allora

$$d(\overline{x}, \overline{y}) = d(T(\overline{x}), T(\overline{y})) \leq \alpha \cdot d(\overline{x}, \overline{y})$$

e, confrontando il primo ed il terzo membro dopo aver diviso per $d(\overline{x}, \overline{y})$ che vien supposto per assurdo > 0, risulta

$$1 \leq \alpha,$$

contro l'ipotesi. □

Osservazione 3.2. *Facendo tendere $p \to +\infty$ in un passaggio precedente abbiamo una stima dell'errore commesso fermandosi all'n-simo termine:*

$$d(x_n, \overline{x}) \leq \frac{\alpha^n}{1 - \alpha} \cdot d(x, T(x));$$

la velocità con cui la successione $\{x_n\}_n$ converge a $\overline{x}$ dipende dalla scelta di x.

Bibliografia

[1] 'The Termodinamical Limit in Mean Field Spin Glass Models' di Francesco Guerra e Fabio Lucio Toninelli, 26/5/2006.

[2] 'Thermodynamical Limit for Correlated Gaussian Random Energy Models' di Pierluigi Contucci, Mirko degli Esposti, Christian Giardinà, Sandro Graffi, 12/11/2002.

[3] 'Classical Equilibrium Statistical Mechanics' di Colin J. Thompson, Clarendon Press, Oxford, 1988.

[4] 'Meccanica statistica-Trattatello' di Giovanni Gallavotti, Roma, 1994.

[5] 'Probability Theory-An Introductory Course' di Yakov G. Sinai, Springer-Verlag, 1992.

[6] 'Elements of Functional Analysis' di L. A. Lusternik e V. J. Sobolev, Hindustan Publishing Corporation, Delhi, 1974.

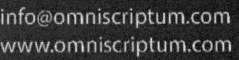